AIGC革命

Web 3.0时代的新一轮科技浪潮

杨爱喜
胡松钰　著
陈金飞

化学工业出版社
·北　京·

内容简介

本书立足于AIGC技术前沿与发展趋势，全面阐述了AIGC的概念内涵、底层技术与应用场景，详细梳理全球科技巨头在AIGC领域的战略布局，并辅之以大量生动有趣的案例，深度剖析AIGC在各行业领域的应用场景，旨在引导读者真切感受AIGC革命浪潮蕴含的商业创造力。

全书分为五个部分，共18章。第一部分主要厘清AIGC技术的起源与演变，阐述席卷全球的AIGC背后的技术架构以及AIGC的应用场景；第二部分重点剖析AIGC产业现状与生态图谱，以及AIGC产业的发展机遇、挑战与未来趋势；第三部分着重阐述AIGC技术在内容、电商、营销、建筑等领域的商业化应用，以帮助读者理解AIGC对人类经济社会发展产生的深远影响；第四部分重点介绍AIGC领域的现象级产品——ChatGPT背后的工作原理与核心技术，并详细阐述ChatGPT在教育、金融领域的典型应用；第五部分主要探讨AIGC与元宇宙的融合共生关系，AIGC作为元宇宙重要的技术基础设施，在内容生成与游戏开发领域的应用将进一步推动元宇宙的落地实践。

图书在版编目（CIP）数据

AIGC革命：Web 3.0时代的新一轮科技浪潮／杨爱喜，胡松钰，陈金飞著. —北京：化学工业出版社，2023.10

ISBN 978-7-122-43934-5

Ⅰ.①A… Ⅱ.①杨…②胡…③陈… Ⅲ.①人工智能-研究 Ⅳ.①TP18

中国国家版本馆CIP数据核字（2023）第144158号

责任编辑：夏明慧
责任校对：李　爽
装帧设计：溢思视觉设计 E-mail：isstudio@126.com ／程超

出版发行：化学工业出版社（北京市东城区青年湖南街13号　邮政编码100011）
印　　装：大厂聚鑫印刷有限责任公司
710mm×1000mm　1/16　印张$13^1/_4$　字数206千字　2023年11月北京第1版第1次印刷

购书咨询：010-64518888　　售后服务：010-64518899
网　　址：http://www.cip.com.cn
凡购买本书，如有缺损质量问题，本社销售中心负责调换。

定　　价：69.80元

前言

AI作为一门新的技术科学，自诞生以来就获得了极为快速的发展，并被应用到愈来愈多的领域。但对于AI，人们普遍认为：AI能够从事的主要是简单的、具有重复性的劳动，而绘画、写作、创作剧本等具有创造性的劳动则是人类的专利。直到近两年ChatGPT、Midjourney等应用出现才打破了这种“固有偏见”，让我们意识到人工智能并不是人类的智能，它不仅能够像人一样思考，更有可能超过人类的智能。

2022年，AIGC（AI Generated Content，人工智能生成内容）强势“出道”，成为炙手可热的概念。2022年9月，AI绘画火爆全网；2022年11月30日，ChatGPT横空出世；2022年12月16日，Science杂志发布了“2022年度科学十大突破”，AIGC也入选在列。诸多AIGC应用展示出的强大的内容生产能力足以说明：AIGC绝不会昙花一现，有望引领我们进入一个新的时代。

AIGC的暴火看似有些突然，但实质上是技术积累与发展策略双重变革的产物。技术方面，GAN、Transformer、扩散模型等基础的生成算法模型在过去几年取得了明显的进步，在拥有的性能、所具备的稳定性和能够生成的内容质量等方面均获得了明显提升，从而使得AIGC能够生成高质量的文字、图像、音视频等各种内容；预训练模型的出现解决了以往各生成模型生成内容质量低、训练成本高、使用门槛高等痛点，能够满足不同功能、任务、场景等的需求，而且基于预训练模型，AIGC应用的通用化能力获得极大提升；在以上模型的基础上，多模态技术则使AIGC不仅能够生成不同模态的内容，而且不同内容可以实现转换，比如将代表同一信息的文字和图片进行关联，从而进一步增强了AIGC模型的通用化水平。未来，随着相关算法等技术的突破，拥有极强学习能力的多模态AIGC应用将展现出更大的潜力，推动人工智能进入新的发展阶段。

除技术领域的积累外，AIGC的暴火也离不开产业生态的有力支撑。目前，AIGC产业的生态体系大致可以分为三层：第一层为基础层，主要涵盖围绕预训练模型构建AIGC相关基础设施的企业，如Stability AI、OpenAI等；第二层为中间层，主要涵盖基于预训练模型形成垂直化、场景化、定制化的小模型和应用工具的企业，如Novel AI等；第三层为应用层，主要涵盖基于底层模型和中间层的垂直模型而开发AIGC产品和服务的企业，面向的用户既包括B端用户，也包括C端用户。

与以往的PGC（Professional Generated Content，专业生成内容）、UGC（User Generated Content，用户生成内容）不同，AIGC在感知世界、理解世界、生成世界乃至创造世界等层面均实现了跃迁，已经成为一种生产力引擎，将给消费互联网、产业互联网以及其他社会价值领域带来不容忽视的影响。比如，在广告领域，AIGC能够分析用户的需求，获得用户的真正意图，进而生成具有创意的、量身定制的广告文案、视频等，不仅效率极高，而且能够大幅降低制作成本。再比如，在医疗健康领域，AIGC能够用于阿尔茨海默病患者的精神护理、能够帮助渐冻症患者等无法开口说话的群体重新获得“自己的声音”。随着AIGC能够生成的内容质量越来越高、内容类型不断丰富、内容的通用性和工业化水平逐渐提升，其能够应用的领域也将更为广阔。

由于能够从根本上降低内容生成的门槛，AIGC将可能引起社会成本结构和行业体系的变革。不过，AIGC作为一个新生事物，在大放异彩的同时，也可能会带来诸多问题和挑战。比如，伴随AIGC的发展衍生的安全问题、侵权风险、伦理问题、环境危害等均需要我们谨慎应对。

要拥抱AIGC，迎接更美好的未来，首先应该正确认识AIGC。本书立足于AIGC技术前沿与发展趋势，全面阐述了AIGC的概念内涵、底层技术与应用场景，详细梳理全球科技巨头在AIGC领域的战略布局，并辅之以大量生动有趣的案例，深度剖析AIGC在各行业领域的应用场景，旨在引导读者真切感受AIGC革命浪潮蕴含的商业创造力。

全书分为五个部分，共18章。

- 第一部分：AIGC智能创作。AIGC的兴起，不仅能够带来创作方式和内容产业的变革，还预示着人类社会生产方式可能发生深刻变化，并影响人类社会的演进方向。随着AI能力的提升，AIGC将能够代替人类完成许多技术性、创造性工作；随着AI应用范围的扩大，AIGC也有望大幅提升社会经济生产力，促进生产关系变革，进而改变人们的生活方式。
- 第二部分：AIGC产业图谱。根据技术研究咨询机构Gartner于2022年9月发布的报告——《人工智能技术成熟度曲线》显示，与AIGC密切相关的生成式设计AI（Generative Design AI）模型将在未来的几年内快速成长，预计在5～10年内实现成熟应用。AIGC的繁荣发展，有助于推动形成集AI数字内容资产管理、产权保护、合规性评估等产业服务的完整生态链，将技术优势转化为实际商业价值，促进数字经济发展。
- 第三部分：AIGC商业落地。随着AIGC相关技术的发展和众多应用的推出，其在内容、电商、营销、建筑等领域将逐步扩大商业化应用，并对人类经济社会发展产生深远影响。比如，电商领域的商家可以利用AIGC来自动构建商品三维模型、虚拟主播和虚拟货场，并综合使用基于AIGC的相关应用产品来提高响应消费者需求的速度和准确性，同时通过构建沉浸式的消费场景来优化消费者的消费体验。

- 第四部分：AIGC与ChatGPT。ChatGPT融合了深度学习、机器学习等技术，可以利用数据集进行训练，并能够实现文本生成功能，为人们提供聊天问答、语言翻译、摘要生成等服务，同时也可以根据用户输入的信息生成文本建议。ChatGPT之所以能够在短时间内吸引众多目光并获得好评，主要的原因就在于它使得人机之间的对话更加自然流畅、富有逻辑性，使得机器更具有人性化的特征。
- 第五部分：AIGC与元宇宙。AIGC在多个数字内容创作领域都有着巨大优势，可以辅助数字媒体、数字藏品、数字场景和虚拟数字人的内容生成，并支持从文字信息、图像信息到音视频信息等的多模态转化。AIGC能够高效生成原生数字内容，在元宇宙构建中发挥重要作用，进一步推动各类应用场景的虚实融合。

本书虽然以AIGC为介绍对象，但内容并不晦涩难懂，是一本面向大众读者从科普视角切入的趣味性读物，力求用通俗易懂的语言带领读者了解AIGC。因此，本书既适合政策制定者、投资者、创业者阅读，也可供互联网科技行业的技术、管理人员以及其他对AIGC感兴趣的读者阅读参考。

著者

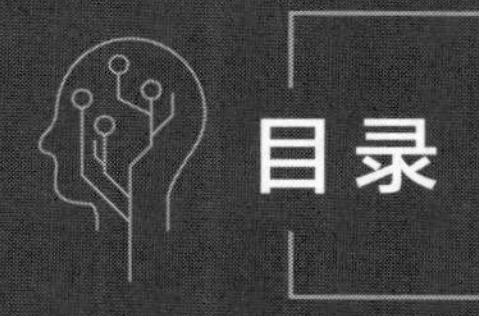

目录

第二部分

AIGC 产业图谱 / 37

第三部分

AIGC 商业落地 / 83

AIGC革命：
Web 3.0时代的
新一轮科技浪潮

第一部分

AIGC 智能创作

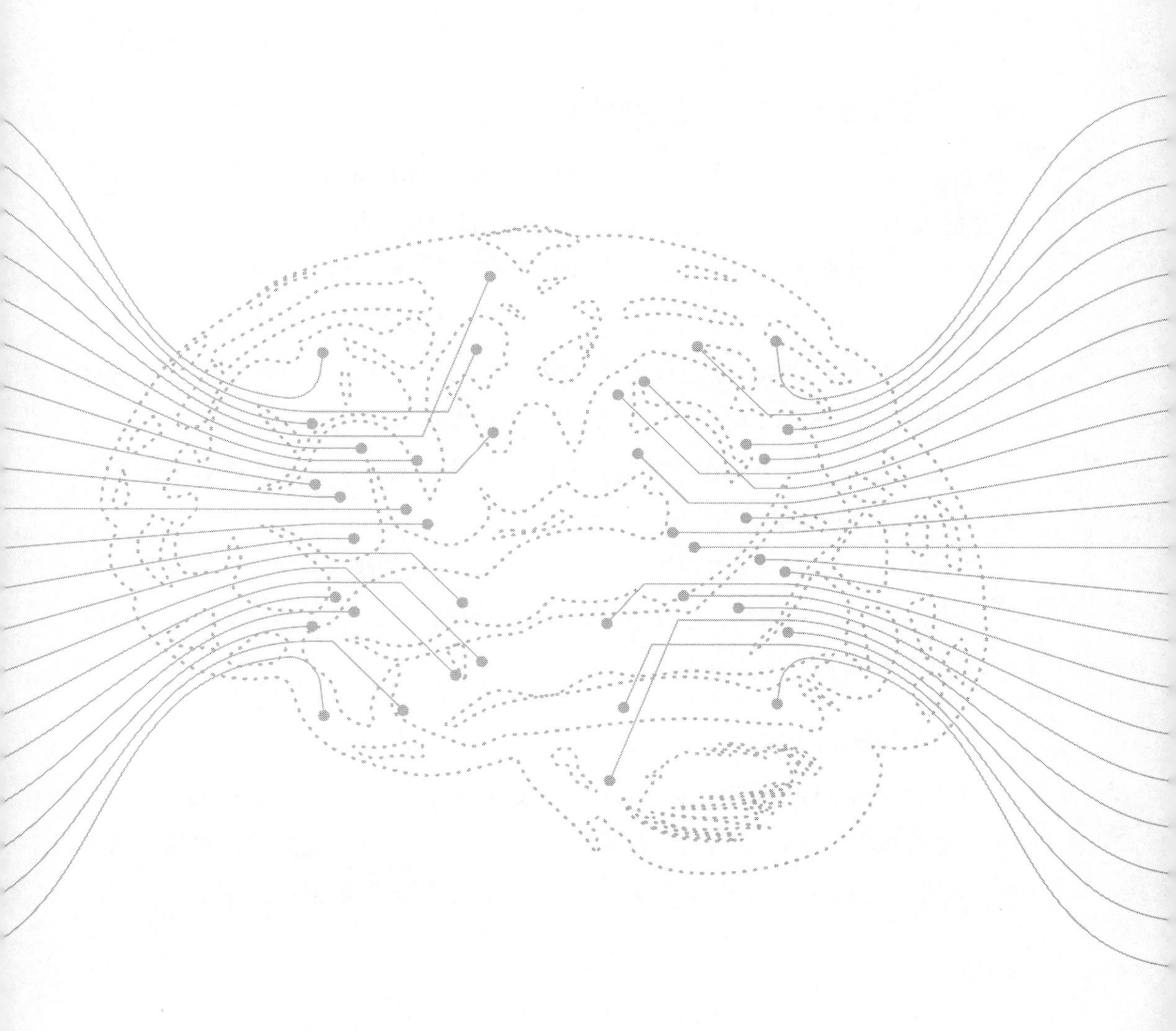

第 1 章

AIGC：Web 3.0 时代的内容生产革命

01 AIGC 革命：开启人工智能新纪元

2022年7月，AI绘画领域的开源模型Stable Diffusion上线，使AI绘画真正走进人们的日常生活；同年12月，OpenAI团队发布的大型语言生成模型ChatGPT在社交网络迅速走红，ChatGPT能够撰写各类文案、生成代码、和真人一样对话，所拥有的语言能力、创作水平似乎已经超过了许多普通人。由于操作简单、功能广泛，ChatGPT上线后深受网友欢迎，注册用户激增，截至2023年1月末其月活用户已突破1亿，引发AI生成内容的新一轮浪潮。纵观AIGC领域的发展历程可以看出，之前作为辅助内容创作工具的AI已经演变为内容创作的主体，AIGC时代已经来临。

2022年被认为是AIGC元年。全球各大科技公司积极布局AIGC领域，在AI深度学习模型、神经网络、自然语言处理等方面相继实现了技术突破，并逐渐进入了相关技术应用的实践探索阶段。

（1）AIGC 的概念

AIGC, Artificial Intelligence Generated Content，意为人工智能生成内容。AIGC是继PGC、UGC之后的一种新的内容生产方式，人工智能是内容创作的主体。但从广义上看，AIGC代表着人工智能技术发展的新趋势，实现了人工智能从感知、理解、分析世界到自主创造世界的跨越。

AIGC的发展，意味着AI真正具备了一定的“思考”能力，AI技术不再仅应用于物质资料的生产，而开始进行文字、图像、音视频等内容的创作，即模仿人类的主观思考来生产精神产品，这是建立在深度学习模型优化和大量数据训练的基础之上的。AIGC不仅会带来内容创作方式的变革，还将催生新的商业模式，促进AI产业的变革。

2022年，随着AIGC市场热度上升，我国百度、腾讯等行业龙头企业也开始在AIGC领域布局，但整体处于起步阶段，距离实现产业化、体系化发展还有比较长的距离，但随着更多投资公司、科技企业的加入，我国将有望开发出植根于本土文化环境、语言环境的AIGC产品。同时，融合个性化推荐、模块拆分等特点的“泛AIGC”形式的模型也将继续发展。

（2）AIGC 的演变与发展历程

从人工智能技术演进革新的历程看，AIGC的发展大致可以分为初步萌芽、沉淀累积和快速发展三个阶段，如图1-1所示。

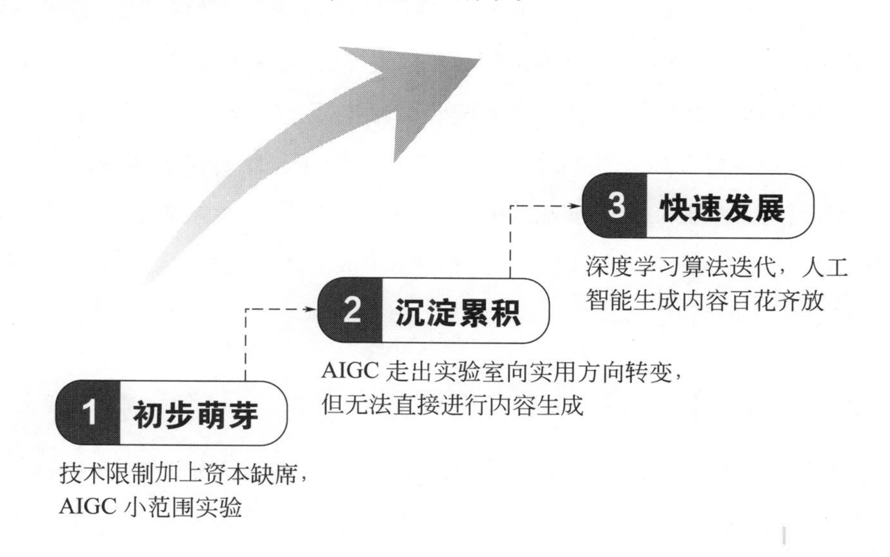

图 1-1　AIGC 的演变与发展历程

①初步萌芽阶段（20世纪50年代至90年代中期）

AIGC创作的起步可以追溯到1957年，伊利诺伊大学香槟分校的超级计算机ILLIAC（Illinois Automatic Computer）根据设定的作曲规则和算法创作了弦乐四重奏组曲 *Illiac Suite*，这被认为是AI创作音乐的鼻祖。在这之后，受限于成本、算力等因素，AI创作未能投入商业化应用，直至90年代都没有再出现更多的突出成果。

②沉淀累积阶段（20世纪90年代至21世纪10年代中期）

到了20世纪90年代，人工智能开发中神经网络训练的难题得到解决；2006年，杰弗里·辛顿（Geoffrey Hinton）提出“深度信念网络”（Deep Belief Networks），推动了AI深度学习算法的发展。加上21世纪后，互联网技术、图像处理技术进步，计算机算力大幅提升，为AI进行海量数据训练提供了条件。这一阶段AI创作领域有了更丰富的应用实践，例如：2007年，首部由AI创作的小说 *1 The Road* 问世；2012年，微软成功研发全自动同声传译系统，可以自动识别英文语音内容并翻译、合成中文语音。

③快速发展阶段（21世纪10年代中期至今）

2014年，学术界提出了AI深度学习模型“生成对抗网络”（Generative Adversarial Network, GAN），大大推动了AIGC技术的发展。2017年，由人工智能框架“小冰”创作的诗集《阳光失了玻璃窗》出版；2018年，英伟达发布的生成模型StyleGAN可以快速生成逼真的人像；2019年，DeepMind研发的AI模型DVD-GAN（Dual Video Discriminator GAN）可以生成高达48帧的连贯视频；2021年，OpenAI发布的DALL-E可以根据文字描述生成图片，且迭代到DALL-E 2时图像质量已经大大提高。

02 Web 3.0：PGC 到 AIGC 的演变

随着网络信息技术和计算机技术的发展，互联网内容的创作主体主要经历了“PGC——UGC——AIGC”的演变。PGC是指由专业人员、机构生产内容，生产主体有广播电视台、影视公司等，一般可以保证内容质量。随着互联网产业的发展，原先的内容接收者、分享者也成为内容的创作者，即由用户生产内容，各种各样的创作灵感都被充分表达。

AI技术经过多年沉淀，其深度学习模型不断优化，加之开源模式的应用，驱动了AIGC迅速迭代。在2021年之前，AIGC的主要产物为文字内容；2022年后，该领域迎来了爆发式发展，除文字内容外，AIGC还可以生成图片、音频、视频、代码等，AIGC也成为继PGC、UGC之后以机器人为创作主体的新型内容生产方式。

（1）智能创作：从 PGC 到 AIGC 的演变

互联网内容产业的发展依托于互联网技术的进步，它是一个渐进的过程。互联网内容形式的变化是产业发展程度的重要体现，从以文字信息为主，逐渐发展到图像、音视频等多种形式结合；在创作主体方面，逐渐由专业的内容创作者扩展到大多数个人用户。随着网络通信技术的进步，人们对互联网的依赖程度不断加深，也对互联网内容的数量和质量提出了更高的要求。

互联网产业发展至今，大致可以分为Web 1.0、Web 2.0和Web 3.0三个阶段，内容创作则经历了从PGC、UGC再到AIGC的演变，各阶段有不同特点，如表1-1所示。

表 1-1　从 PGC 到 AIGC 的发展历程

互联网形态	Web 1.0	Web 2.0	Web 3.0
内容生产方式	PGC（专业生产）	UGC（用户生产）	AIGC（AI 生产）
生产主体	专业人	非专业人	技术工具
核心特点	内容质量高	内容丰富度高	生产效率高

①基于Web 1.0的PGC时代

在这一时期，互联网上的大部分内容都是由专业的内容创作者或机构产出的，例如传统的广播电视从业者、影视艺术行业从业者或媒体从业者等。其产出内容以人们喜闻乐见的大众文化产品为主，一般有着较高的质量，但产出内容数量比较有限，也存在同质化内容较多的现象。该模式下，普通用户几乎不参与内容生产。

②基于Web 2.0的UGC时代

Web 2.0的概念大约兴起于2004年以后，在对互联网发展形态的探讨中，人们逐渐意识到互联网世界蕴含的巨大能量，互联网用户的交互作用受到重视，用户不仅仅是内容的被动接受者，也可以成为内容的创造者。

同时，移动互联网的发展让人们随时随地接入网络成为可能，用户的爆发式增长为UGC模式的发展提供了条件。以中文互联网为例，新浪博客、QQ空间等是较早的个人用户创作平台；后来逐渐兴起的微博、微信等社交平台更是大大拓展了用户的创作空间；百家号、企鹅号等专业自媒体平台的出现则体现出了UGC创作的专业化发展趋势；近年来，融合了音频、文字、图像的短视频平台也进一步推动了UGC产业的发展。

③基于Web 3.0的AIGC大时代

随着计算机技术、人工智能技术的发展，AIGC相关应用逐渐进入人们的视野，由AI代替人类进行内容生产的时代正在到来，以人类为创作主体的PGC、UGC模式将有可能被AIGC模式取代。在AIGC模式下，内容创作效率将大幅提高，且创作内容的质量也在不断进步。例如，编辑机器人可以根据要求快速完成新闻稿、营销文案、视频脚本等内容的撰写；AI绘图软件可以根据文字要求或原始图片素材在几分钟内生成专业级别的高质量图片。

当前，在深度学习模型和大量训练数据的支撑下，AIGC的智能化程度有了大幅提升，不仅可以像人类一样思考、推理、判断，还能够基于对人类语言的识别与分析，与人类进行无障碍沟通交互。在内容创作方面，AIGC在某些领域已经具备了与专业从业人员不相上下的创作水平，在未来有可能进一步超越人类，引领一个全新的内容创作时代到来。

（2）Web 3.0的内容生产新范式

AIGC相较于PGC、UGC而言，是一种新的以AI为创作主体的内容生产方式。AIGC可以分为文本生成、图像生成、音视频生成等多种模态，而利用文本、图像、音视频等素材生成另一模态的作品，被称为“跨模态生成”，是现阶段AIGC的研发重点。

AIGC的兴起，不仅仅能够带来创作方式和内容产业的变革，还预示着人类社会生产方式可能发生深刻变化，并影响人类社会的演进方向。随着AI能力的提升，AIGC将有可能代替人类完成许多技术性、创造性工作，例如翻译、绘画、作曲、编程等。随着AI应用范围的扩大，AIGC也有望大幅提升社会经济生产力，促进生产关系变革，并极大地改变人们的生活方式。

经过技术的长期积累、深度学习模型的不断完善、关键算法模型的开源，加上头部科技公司对相关研发团队的支持，2022年迎来了AIGC的井喷式发展。AI绘画应用Midjourney、DALL-E 2和聊天交互机器人ChatGPT相继在社交网络走红，这些都预示着人类已经逐步走进AI创作的时代。

03 AIGC 驱动的智能创作时代

AIGC的快速发展体现了AI技术从感知功能到理解功能再到创造功能的质的飞跃。经过2022年的快速发展，AIGC领域的产品类型越来越多、产品的创新性和创造力也更加值得关注，未来一段时间内AIGC产业必然是竞争最为激烈的领域之一。而作为一个新兴领域，AIGC企业要想崭露头角，除了行业生态环境的支持外，更需要不断提升自身在人工智能技术方面的实力。

（1）AIGC 技术全面赋能内容生产

与传统的内容创作方式相比，AIGC的优势主要体现在强大的内容生产力、个性化的生产过程及优质可体验的生产结果等方面，如图1-2所示。

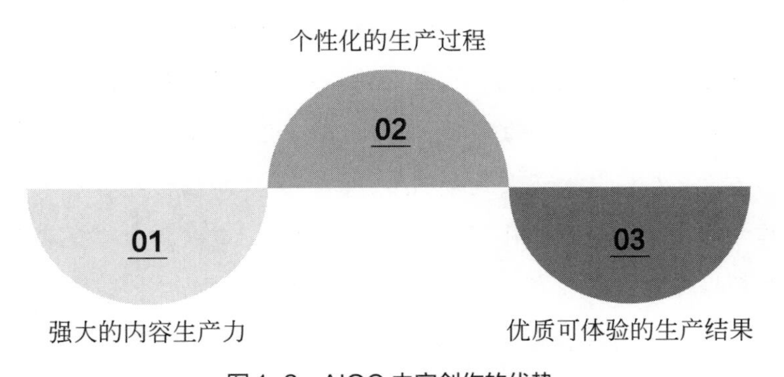

图1-2 AIGC 内容创作的优势

①强大的内容生产力

随着深度学习模型的迭代优化和训练数据规模的增长，AI能够具备良好的理解人类需求和审美的能力，并且可以在此基础上输出高质量的内容。其强大的内容生产力主要具有以下几方面的特征，如图1-3所示。

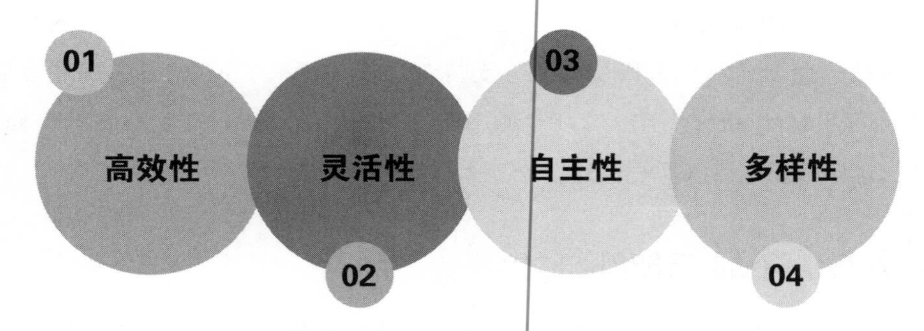

图1-3 AIGC 强大内容生产力的特征

- **高效性**。AI 应用基于强大的运算能力，可以在短时间内将大量数据进行整合、转化，并输出为完整的作品。例如交互机器人 ChatGPT 能够根据要求在数分钟内逐字生成一篇有逻辑性、表达规范的文章，而且其创作效率远远高于人类。
- **灵活性**。AIGC 应用可以全天候、不计数量地随时进行内容创作，突破了人类创作者体力、注意力等方面的局限。
- **自主性**。AIGC 进行创作时并非照搬其他作品或进行简单的拼凑，而是以海量训练数据为基础，自主创造出独特的、富有新意的作品。同时，AI 基于深度学习能力，可以完全摆脱人类思维的影响，进行独立创作。
- **多样性**。为了适应多样化的需求，AIGC 可以说是“全能型”的创作者。例如，在绘画方面，AIGC 能够生成山水画、油画、三维图形等多种风格的作品；在写作方面，它能够驾驭小说、新闻稿、商业营销文案等不同类型的文稿；从训练数据上看，它拥有文学、管理学、生物学、数学等多学科的知识储备，这为生成多样化的内容奠定了基础。

②个性化的生产过程

在传统的PGC、UGC创作模式中，由于创作者主观意识的融入，作品常体现出一定的个性化特征，但这些作品内容往往发布在社交媒体上，容易受到群体趋同等传播效应的影响；同时，创作者本身的灵感或创意有着局限性，加上某些创作者追逐热点并进行模仿的行为，容易出现大量同质化的内容。因此，传统PGC、UGC模式下的内容的个性化是相对而言的，且这种个性很容易被同化。

而AIGC的创作过程受外部潮流、趋势的干扰较小，其创作从主题思路本身出发，通过数据抓取找到不同模态间的正确对应关系，并在进行大量计算的基础上输出个性化的、不同风格的内容，这可以有效避免内容同质化的现象。

③优质可体验的生产结果

在UGC创作模式下，虽然创作者对内容创作过程有着广泛的参与度，但其专业素养良莠不齐，内容质量难以得到保障，其中既有富有创意的高质量内容，也有无意义的低质量内容。而AIGC作为一款能够满足人们多样化内容需求的工具，可以极大地提高内容生产质量。

深度学习模型的迭代升级为训练数据的优化提供了支撑，同时开发者们可以引入相关保障机制，使模型能够识别并主动避免输出表述错误、导向错误或不符合主流价值观、不符合法律规范的内容，进而输出高质量内容。AIGC创作内容质量的提高主要表现在：文字创作方面，产出作品篇幅不断变长，类型涵盖通俗小说、学术论文、专业报告等；图像创作方面，画面清晰度逐渐提高，对细节的刻画更加生动、细致；多模态转化方面，可以高效转化或直接构建3D模型，并与VR（Virtual Reality，虚拟现实）、AR（Augmented Reality，增强现实）技术融合，大幅提升沉浸式体验效果。

（2）AIGC智能创作的三大能力

多模态大模型[1]赋能写作、绘画、音视频创作等领域，实现了AIGC相关技术的应用落地。在内容创作方面，AIGC主要有三大基础能力，分别是智能数字

[1] 多模态大模型：指的是可以处理来自不同模态（如图像、语音、文本等）的多种信息的机器学习模型。

内容孪生、智能数字内容编辑和智能数字内容创作，如图1-4所示。

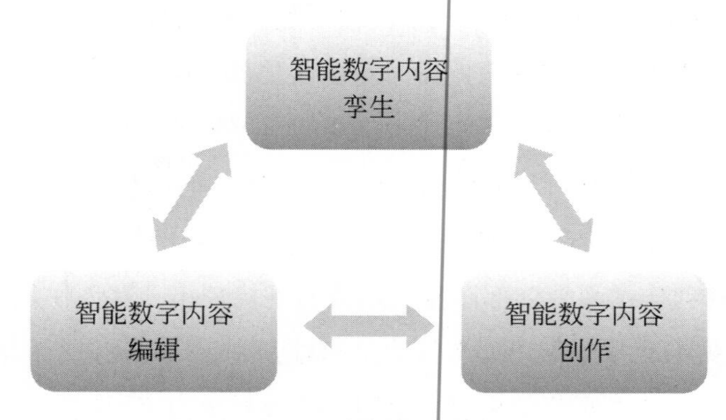

图1-4　AIGC 智能创作的三大能力

①智能数字内容孪生

AIGC模型赋能下的数字内容孪生是在内容数字化的基础上进一步挖掘、理解数据中的信息，并将其高效、准确地运用到各类智能数字内容孪生任务中。其技术发展方向大致可以分为智能转译技术和智能增强技术。

②智能数字内容编辑

完成智能数字内容孪生任务以后，系统在语义理解的基础上修改或控制数字内容的属性，最终输出满足编辑需求的内容。智能数字内容编辑是连接现实世界与虚拟数字世界的通道。具体应用场景包括智能聊天AI、虚拟数字人等。

③智能数字内容创作

智能数字内容孪生和智能数字内容编辑都是在输入现实内容的基础上实现的，实际上是一种对现实内容的智能孪生、理解、控制和编辑的方法。AIGC的突破性在于能够自主创造，即将映射到虚拟世界中的信息反馈到现实世界，从而对现实世界产生影响。根据创作方法划分，可以将智能数字内容创作分为根据模仿进行创作和根据概念进行创作。

随着AIGC底层模型的不断迭代升级和相关技术的发展，从内容孪生到内容编辑，再到内容创作，这三大基础能力将进一步融合，使AIGC从辅助内容创作转变为自主进行内容创作，从而更好地满足人们不断增长的对精神产品的需求。

04 创作者经济：模式与效率的变革

移动互联网的发展带来了内容需求的爆发式增长，使得内容形态不断丰富。不断创造出高质量的、富有新意的内容是消费互联网产业持续发展的必然要求，随着内容生态不断成熟，PGC、UGC模式的内容创作逐渐进入了瓶颈期，难以满足人们不断增长的内容需求。

AIGC可以有效赋能内容生成。一方面，AIGC可以为创作者提供创意和灵感，创作者通过与AIGC的交互，能够创造出高度个性化、定制化的内容；另一方面，AIGC能够降低创作门槛，即使是没有经过专业训练的创作者，也能够通过AIGC产出高质量的内容，这有助于提升内容生产效率，补充互联网产业的内容供给缺口。

（1）AIGC 的工具属性有助于效率提升

有经验的创作者可以通过与AIGC的互动来寻找灵感，并将灵感和创意准确地表达出来。例如，在游戏行业，游戏策划师与设计人员沟通时，可以将自己对场景、氛围及角色设定的构想输入AIGC工具，结合AIGC输出的草图和对相关细节的描述，双方能够更容易地理解彼此的思路，进一步确认需求；在构建好完整的游戏架构后，AIGC应用可以生成一系列作品，设计人员可以结合这些作品进行整合、修改。根据AIGC草图进行修改和创作的过程，也是灵感不断被激发的过程，AIGC可以融合多种风格的表达方式，使创作者突破自己熟悉的领域，获得新的创意。

AIGC应用可以成为创作者的智能助手，比如：根据创作者的思路模拟设计效果；如果对呈现出的效果不满意，可以快速修改；可以促进创作者（乙方）与客户（甲方）顺畅沟通，从整体上提升项目的完成效率，尤其是在项目筹备时间不充裕的情况下，可以帮助创作者更加高效地完成创作。

AIGC所拥有的强大能力和超高效率，验证了AI投入各领域实践应用的可行性。尤其是在影视、文学艺术、游戏、编程等领域，AIGC能够有效辅助项目快速推进，从而降低时间成本、人力成本，为创作主体带来效益增值。

（2）创意构思与实现的分离

在创意构思方面，AIGC可以帮助创作者完善其创意。当创作者有了一个新的创意时，通常仍需要深入思考，完善相关细节，使其成为一个更好的创意。其中对这一创意的理解、调整或其他重复性工作可以交由AIGC完成。

创意实现可以与创意构思分离，AIGC可以成为创作者实现创意的工具。正如照相机是摄影师完成作品的工具，摄影师有了拍摄思路后，通过调整相机的参数，按下快门即可完成作品，不必了解照相机的工作原理。同理，创作者先进行设计构思，再通过配置AI模型参数、点击按钮即可生成作品，不必了解模型的运行机制。这样，创意的实现过程可以转化为一种高效的重复性劳动，创作者可以将更多的时间投入在创意构思上，使其才华得到充分发挥。

（3）创作者经济时代的来临

AIGC虽然可以创作出一些高质量的作品，但起到关键作用的还是创作者的创意本身。因此，如果要使AIGC真正实现商业化应用，就需要对其作品进行价值量化，而量化的最主要依据，即是创作者的创意。

有专家认为，“注意力机制”（Attention Mechanism）为AIGC作品价值量化问题提供了解决思路。机器学习算法中的注意力机制是指将有限的计算资源聚焦于关键任务的处理，降低对其他信息的关注度或过滤掉无关信息。

在AIGC绘画的应用场景中，可以计算所输入关键词对作品的影响程度，以此来量化创作者的贡献度，并综合生成费用和分成比例，最后计算出创意为创作者带来的收益。

例如，某创作者在一周内利用关键词为某AIGC平台创作了10000个作品，平均每个的贡献度为0.4，每个AIGC绘画作品的生成费用为1元，平台分成50%，那么本周该创作者在平台的收益为：$10000\times0.4\times1\times(1-50\%)=2000$元。在未来，任何人都可以参与到AIGC创作中，建立能够满足不同需求的AI数据集将成为创作者的新的收益途径。

第 2 章 技术架构：AIGC 席卷全球的底层逻辑

01　AI 的起源、发展及主要流派

1950 年，英国数学家艾伦 · 图灵（Alan Turing）在其发表的论文《计算机器与智能》（*Computing Machinery and Intelligence*）中首次提出了“会思考的机器”（Thinking Machine）这一概念。更重要的是，文章还提出了著名的“图灵测试”，可以简单解释为：如果测试者无法判断其测试对象是一台机器还是人类，或者把与他交流的机器当成了人类，那么这台机器就通过了测试，即我们认为这台机器具有智能。

“图灵测试”从理论上论证了机器拥有智能的可能性。由图灵提出的“会思考的机器”的概念，现在已经发展成人工智能领域的重要分支之一。其基本原理是设计出某种算法，使电脑具备自动思考与学习的能力，从而通过大量数据分析获得规律，再利用习得的规律对未知数据进行预测。从技术角度来说，这一理论以寻找或设计一种能够实现的、可以避免错误数据积累的、行之有效的机器学习算法作为研究重点。

1956 年 8 月，诸多科学家来到美国汉诺斯小镇的达特茅斯学院，开会讨论一个话题——用机器来模仿人类学习和其他方面的智能。与会者包括人工智能与认知学专家马文 · 闵斯基（Marvin Minsky）、信息论的创始人克劳德 · 香农（Claude Shannon）等著名学者，会议首次使用了“人工智能”这一名称。

人工智能自诞生以来，与其相关的主要流派包括以下三种：

①符号主义

符号主义（Symbolism）是一种基于逻辑推理的智能模拟方法。该流派认为：人类的认知过程（或智力活动）就是基于某种逻辑的接收和处理信息的过程，而所有信息都可以用某种符号表示，所以人类的认知过程也是处理符号的过程，这与计算机基于某种数学逻辑进行运算有着相同的本质。由此该主义认为，如果电脑能够和人脑一样执行某种规则或过程，那么该电脑就实现了人工智能。

②联结主义

联结主义（Connectionism）认为，智能是人类大脑中的神经元和突触相互连接构成神经网络来共同处理信息的结果，而该网络结构即各网络单元之间的连接可以通过计算机进行模拟，以此为基础更容易实现人工智能。早在真正意义上的电子计算机出现以前，就有学者根据联结主义进行数学建模，为后来的人工神经网络（artificial neural network）理论形成奠定了基础。

③行为主义

行为主义（Actionism）又称为“进化主义”或“控制论学派”，最早兴起于20世纪中期。早期的研究方向主要是模拟人在控制过程中的智能行为和动作。20世纪80年代，智能控制和智能机器人系统诞生。直到20世纪末，行为主义才与人工智能紧密联系起来，并受到了广泛重视。

当前人工智能的发展，是对符号主义、联结主义、行为主义三者的融合运用。

02 深度学习：推动 AIGC 的根本动力

深度学习算法是机器学习领域的一个重要研究方向，基本方法是机器对大量训练数据进行学习，掌握样本信息的内涵和规律，获取与人类的思维模式相似的分析学习能力。在AIGC领域，这一能力的应用表现在多语言翻译、文字生成、图像生成、语音合成等方面。与根据算法规则生成内容的智能模型不同，

AIGC深度学习模型通过大量的数据训练和特征学习，能够准确、灵活、快速地生成多种模态的数据内容，表现出更高的智能化水平。

（1）机器学习的主流算法及其原理

根据机器学习的应用情况，其学习算法主要可以分为三类：监督学习算法（Supervised Learning）、非监督学习算法（Unsupervised Learning）和强化学习算法（Reinforcement Learning），如图2-1所示。

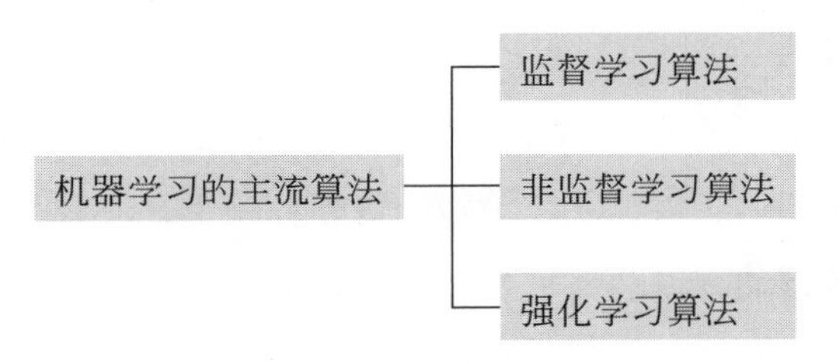

图2-1 机器学习的主流算法

监督学习算法与非监督学习算法、强化学习算法的对比关系如表2-1所示。

表2-1 不同形态的机器学习算法对比

对比维度	监督学习算法	非监督学习算法	强化学习算法
学习对象	有标注数据	无标注数据	决策系统
学习反馈	直接反馈	无反馈	激励系统
应用场景	预测结果	寻找隐藏结构	选择系列行动

①监督学习算法

监督学习算法是训练人工神经网络的常用算法，也是机器学习中比较容易理解和实现的算法之一。简单地说，监督学习就是机器通过有标签的训练数据集（包括输入和输出，或特征和目标）学习出一个模型参数，再利用该模型将新的输入数据映射为相应的输出，这实际上是让机器学习由人类创建的模型的过程。

常见的卷积神经网络（convolutional neural networks）也属于监督学习算法

的范畴，它在图像分类领域（如人脸识别）有广泛的应用。

②非监督学习算法

非监督学习算法与监督学习算法原理类似，也要求输入和输出结果，但非监督学习算法所学习的数据集没有人为标注，也没有确定的数据类别和输出目标，而是让机器自己学习，根据样本数据的相似性进行分类（Clustering），然后利用聚类结果，提取数据集中的隐藏信息，基于该信息对新数据进行预测。生成对抗网络（GAN）就属于非监督学习算法，常用于图像生成。

③强化学习算法

与监督学习和非监督学习算法中的样本分类任务不同，强化学习算法的任务是指导训练对象如何决策，它在给定的数据环境下，不断与环境交互，基于环境反馈进行下一步行动，以达成目标或使整体收益最大化。强化学习算法实际上是一套决策系统，在游戏设计领域有广泛应用。例如著名的AlphaGo就是基于强化学习算法的专家系统，其训练目标是让棋子尽可能占领棋盘上更多的区域。

从以上几种算法中我们可以看出，不论哪种算法，在进行模型训练时都非常重视对训练数据特征的选取和处理，而训练数据往往是多种多样且复杂的（例如带有文字的海量图片），因此难以直接、有效地提取其特征。此时，机器学习就不再仅仅局限于对句子或图片特征的识别，还需要找到它们背后隐含的逻辑关系，而深度学习为这一问题提供了解决方案，其基本思路是通过多层网络的构建和训练来处理未知数据，使其输出符合人类预期的结果。

（2）深度学习算法：推动 AIGC 的根本动力

深度学习算法的迭代升级是AIGC相关技术发展的最根本动力。AIGC相关技术的演进大致可分为前深度学习阶段和深度学习阶段，各有其阶段特点：

a.在前深度学习阶段，AIGC相关模型不具备对客观世界的认知能力和生成新内容的创造力，虽然可以根据既定的算法规则或模板输出内容，但在本质上是对已有内容的复制或调用，且容易输出文不对题的内容，能够满足的用户需求非常有限。

b. 在深度学习阶段，深度神经网络理论的创新、相关模型架构和学习范式的优化使人工智能的学习能力大大提升，为AIGC技术的进一步发展创造了条件。

随着深度学习理论的提出，卷积神经网络的表征学习能力逐渐受到重视，2012年，卷积神经网络AlexNet成为ImageNet大规模视觉识别竞赛的优胜算法，这一技术突破带来了深度学习的大爆发。2014年，生成对抗网络被提出，为深度学习开辟了新的研究方向，有效提升了生成内容（主要是图片）的精度和真实性。此外，强化学习、扩散模型（Diffusion Model）等学习范式的发展，都为真正实现AIGC创造了条件。

03 生成算法：实现内容生产智能化

近年来，由AI自动生成的绘画作品、诗歌作品受到广泛关注，掀起了AI创作的浪潮。2022年12月，由人工智能研究机构OpenAI推出的人工智能对话聊天机器人ChatGPT在社交媒体上迅速走红，这预示着人工智能时代已经到来，其中所运用到的关键技术就是AIGC。

AIGC的发展速度之快令人惊叹，根据其绘画作品来看，仅用了不到一年时间，就从略显生疏的阶段成长到了专业阶段，这让许多领域的资深从业人员感到焦虑。而随着深度学习模型的完善，AIGC“熟练度”的提高也为大规模的商业化应用提供了条件。

以AIGC图像生成功能为例，视觉信息基于其容易被感知、被理解与记忆、传播力强等特点，在多种场景中得到了广泛应用，并且在网络中跨平台、跨社群、跨领域迅速传播。随着AI技术的进步，生成高质量的图像信息成为人工智能系统的一个现象级功能。而要借助AI技术生成文字、图像、语音、视频等多种多样的内容，离不开算法建模。目前GAN模型、CLIP模型[1]、Diffusion模型（扩散模型）等算法模型（如表2-2所示）不断推陈出新，不仅在性能和稳定性等方面均有越来越优越的表现，其能够生成的内容的质量也在不断提高。

[1] CLIP的全称是Contrastive Language-Image Pre-training，对比性的语言-图像预训练，CLIP模型是一种基于对抗训练的神经网络模型。

表 2-2 AIGC 相关深度学习模型

深度学习模型	出现时间	主要特点
GAN	2014 年	（1）生成器用来生成图片，判别器用来判断图片质量，两者互相平衡之后得到结果；（2）对输出结果的控制力较弱，容易产生随机图像，图片分辨率比较低
CLIP	2021 年	（1）可以进行自然语言理解和计算机视觉分析；（2）使用已经标注好的“文字—图像”训练数据。一方面对文字进行模型训练，另一方面对图像进行另一模型的训练，不断调整两个模型的内部参数，使得模型分别输出的文字特征值和图像特征值相互匹配
Diffusion	2022 年	（1）通过增加噪声破坏训练数据来学习，然后找出如何逆转这种噪声过程以恢复原始图像的方法；（2）经过训练，该模型可以应用这些去噪方法，从随机输入中合成新的“干净”数据

（1）GAN 模型

2014年，AI深度学习模型“生成对抗网络”（GAN）问世后，并在多个领域得到应用，同时也作为AI绘画模型的底层技术，大大推动了AI绘画的发展。

GAN模型的原理实际上是让“生成器”（generator）和“判别器”（discriminator）两个内部程序互相“对抗”，最后输出二者相平衡的结果。在AI绘画过程中，由生成器生成图片，判别器判断图片是否属于正确类别。但这一模型的缺点在于：生成图像分辨率低；可能生成随机图像，对输出结果控制力不足；输出的图像始终是对现有作品的模仿，难以通过文字描述创造出新的图像。

（2）CLIP 模型

2021年1月，OpenAI团队开源了深度学习模型CLIP，它集成自然语言理解能力和计算机视觉图像分析技术，通过约40亿个“文本—图像”数据的训练，以获得能够精准匹配文本和图像的能力。

CLIP模型开源后，加速了其在多个领域的应用推广，CLIP模型可以嫁接到其他AI应用中，从而为相关领域技术人员的参与提供条件。CLIP可以直接进行图像和文本之间的对比学习，并决定文字与图像的匹配程度，例如把狗的图像和“狗”这一名称匹配起来。另一方面，供应给CLIP进行学习的“文本—图像”素材并不来自通常使用的人工标注，而是利用广泛散布在互联网上的图片，这些图片通常带有标题或文字描述，相当于互联网用户已经完成了标注工作。海量的数据能够帮助CLIP获得强大的图像分析功能，同时节省昂贵的人工标注成本。

（3）Diffusion模型

在AI绘画的风潮中，Diffusion模型逐渐受到重视。Diffusion模型是图像生成的另一种解决思路。简单地说，其原理是先在原始图像数据中不断加入高斯噪声，扰动原始数据分布（即扩散阶段）；然后在噪声中逐步修正转化，构造所需样本，再通过去噪点来还原数据（即逆扩散阶段）。由于是在原始像素信息层面上做计算，去噪生成图片的迭代过程很慢，且会占用大量内存资源，这导致了模型训练效率较低，生成高分辨率图像会带来高昂的成本。

2022年7月，优化后的Stable Diffusion应用上线测试，它将数据迭代降噪的过程放在一个被称为“潜在空间”（Latent Space）的低维空间里进行，大幅降低了对算力和内存要求，提高了计算效率和模型训练效率。这一创新使AIGC技术有了突破性进展。Stable Diffusion应用在不到半年的时间内就出现了大量的二次开发，模型不断得到优化，应用功能也不断拓展，有效降低了用户的使用门槛，目前已经成长为AIGC绘画领域的最热门应用。

总体来看，CLIP模型下的海量互联网图片为AIGC提供了训练数据，GAN模型、Diffusion模型则为AIGC提供了算法思路，再到Stable Diffusion模型的算法创新，促使迭代效率、计算资源方面的问题得到解决。由此，我们可以看出，深度学习模型的不断完善，推动了AIGC绘画在短时间内有了跨越式发展。

在训练数据集层面，AIGC绘画应用的训练需要大量图像数据资源。全球非营利机器学习研究机构LAION于2022年3月开放了迄今为止规模最大的多模态“文本—图像”数据集LAION-5B，以用于AI图像模型的训练，LAION-5B包含58.5亿个文本—图像对（Image-Text Pair），涵盖多种类型的图像、多种语言的文本，有助于AI模型的训练和对其进行不同方向的研究。而正是CLIP和LAION的开源，构建了当前AI绘图应用的核心。开源模式有助于充分调动社会资源，激发社会创造力，使技术创新快速推进，得益于此，AIGC将加快发展成熟。

04 预训练模型：降低应用开发门槛

实际上AIGC并不是一个新的概念，早在几年之前AI领域便进行了内容生成方面的研究，但基本处于实验阶段，因为训练成本高、使用门槛高、生成内容的质量不够理想等方面的原因，无法推至大众面前。但预训练模型则使得AIGC相关产品获得了质的飞跃，它一方面能够克服此前模型的缺陷，满足不同的功能、场景和任务的需求；另一方面也能够有效提高AIGC的产业化程度。

深度学习模型的训练数据越多，模型的综合性能、稳健性、处理能力也会进一步提升。由此，模型训练的数据资源量成为提升市场竞争力的重要方面。但单纯的海量数据“投喂”不是真的技术创新，也不能完全解决深度学习模型所面临的问题。同时，大规模训练数据将带来更高的算力要求和成本投入，难以在现实场景中落地部署；海量数据也不等同于高质量数据，可能会对模型学习起到反作用，其收益和投入成本可能是不匹配的。

目前，人工智能机器学习领域已经出现了产业链分化的端倪。如果用学历来比喻模型的训练程度，那么初始模型的训练可能是从幼儿园开始，相对成熟的模型我们暂且定位到大学水平。模型的成长需要投入大量时间和资金成本，预训练是用以低成本获取的大规模数据来训练模型，使其成长为“大模型”——具备一定的通用能力或共性，这相当于高中水平；然后依据具体应用领域的需求，用该领域的特定标注数据对其进行定向训练和调整，使其成长到大学水平，真正投入应用。

预训练模型可以被复用且具有较强的扩展性，在很多领域都有出色表现。但目前的问题在于，大模型所带来的商业价值还无法补足训练大模型消耗的成本。怎样推动“大模型”向“大应用”转变，是业界亟须解决的问题。AIGC的技术进步，使大模型的商业化路径明朗起来。一方面，大模型企业可以为个人用户提供“按需定制”的服务；另一方面，随着云存储、云计算使用量的上升，可以构建起多种类型的盈利模式。在未来，AIGC将进一步推广，成为人们日常生活的重要组成部分；同时可以进一步与具体行业、领域、产业需求相结合，探索出一条能够持续创造价值的商业化路径。

预训练模型通常是指代预训练语言模型，即提前进行大规模数据训练以便后期根据具体应用需求进一步开发的语言模型。早期的预训练模型主要有Word-2vec、GloVe和CoVe等，后来逐渐发展出自编码语言模型（Autoencoder Language Model）和自回归语言模型（Autoregressive Language Model）两大主要分支，前者包括Bert、ALBert、RoBERTa等，后者则包括ELMo、XLnet和GPT等。2018年后，随着GPT等模型的出现，“预训练语言模型”一词才真正普及开来，逐渐成为智能化产业普遍关注的话题。预训练受到广泛重视，意味着自然语言处理、机器学习进入了新的发展阶段。

ChatGPT的横空出世和备受热捧展示了AI技术所拥有的强大发展潜力，为自然语言处理（Natural Language Processing，NLP）技术的发展指明了方向。NLP是人工智能理解人类语言并生成正确语言的关键基础，包含自然语言理解（Natural Language Understanding，NLU）和自然语言生成（Natural Language Generating，NLG）两个重要方面。要使相关模型输出正确的语句，就要对其进行大规模数据的训练。例如，OpenAI发布的开源模型GPT-3，其训练的参数量大约达到1750亿，而能像真人一样与人类互动聊天的机器人ChatGPT是在GPT-3.5的基础上产生的，除了聊天，还能够写视频脚本、邮件、代码等。

NLP作为研究人与计算机交互的重要学科，预训练语言模型的研究一直是此领域的重要基础。从以往此方面的研究成果来看，最具有代表性的预训练语言模型为Bert和GPT。由于Bert的语言模型基础为DAE[1]，因此其具备较强的对语

[1] DAE：Denoising Autoencoder，降噪自动编码器，是一种深度学习模型，可以用于去除图片、音频、文字等信号中的噪声。

言进行上下文表征的能力，能够比较顺畅地理解语言，但却并不具备组织语言的能力，因此也就无法完成从理解到生成之间的连接。而GPT模型则克服了这一缺陷，这让ChatGPT在具备语言理解能力的同时也能够生成语言。

05　多模态大模型：升级内容创作能力

多模态技术能够使得文字、图片、音频、视频等不同形式的信息进行更加自如的转换，比如将文字“花朵”与花朵的图像相关联。基于该技术，AIGC应用具有更强的通用性，相关的内容生态也更加丰富多元。近年来，深度学习理论的发展推动深度神经网络技术不断取得突破，这为AIGC技术突破提供了条件，这些突破主要表现在大模型和多模态两个方向，如图2-2所示。

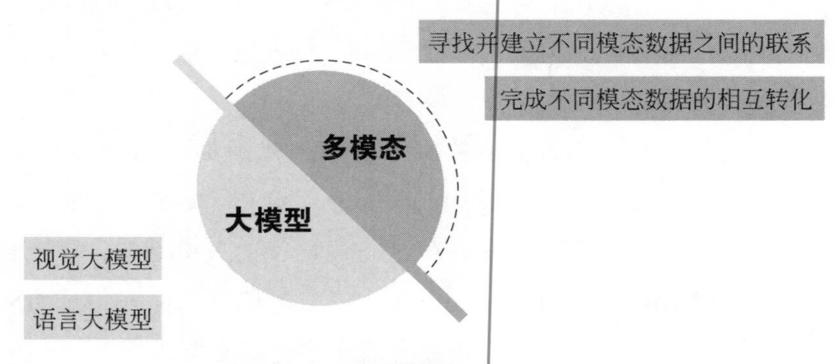

图 2-2　AIGC 技术突破的两大方向

（1）视觉大模型：提升 AIGC 感知能力

随着网络信息技术的发展，以图像、视频为代表的视觉数据成为信息的重要载体，人工智能只有具备理解这些视觉信息的能力才能获得与人类相似的认知，并基于人类的需求开展交互活动、创造活动。

以当前比较流行的Vision Transformer（ViT）模型为例，它最初是针对自然语言处理提出的，后来被运用到计算机视觉领域，在视觉任务中表现出了良好的性能。加上该模型可扩展性强、计算的高并行性等特点，以该模型为基础开发出能够完成多种感知任务的AIGC学习模型成为目前的主要研究方向之一。

（2）语言大模型：增强AIGC认知能力

语言是人类文明成果的重要载体，也是人们进行交流沟通、信息传递的主要手段。人工智能是否具备理解人类语言、挖掘文本数据信息的能力，是人工智能能否替代人类进行内容创作的关键之一。

传统的自然语言处理对人工的依赖程度较高，主要思路是结合人工定义特征和标注数据来建立机器学习系统，随着社会发展，需要处理的信息更为复杂、信息规模呈爆炸式增长，原有模式已经无法再适应信息处理需求。后来，研究者把目光转向深度学习大模型的开发，并将互联网上海量无须标注的文本作为模型训练数据，从而赋予了大模型在多种场景中理解语言、生成语言的能力。

虽然现在运用的主流模型算法是由国外学者提出的，但国内相关领域的科技企业、机构也积极参与，一些企业依托自身技术优势、场景优势和数据积累，已逐渐成长为AIGC产业发展的引路人。

以科大讯飞为例，由科大讯飞和中国科学技术大学承建的认知智能国家重点实验室，立足于人机智能交互、多语言无障碍沟通和中国社会的教育、医疗等多方面的人工智能服务需求，积极开展智能机器翻译、智能语音、OCR（Optical Character Recognition）文字识别等多个领域的专项研究活动，并取得了一系列成果，在国际上处于领先地位，且部分成果已经大规模投入产业实践应用中。

科大讯飞在智能语言技术研究方面取得了多项关键技术突破，实现了60多个语种的机器高质量翻译，获得了相关翻译专业资格（水平）测试的合格认证。同时，语音合成、语音识别、图文识别等智能技术也在全球居于领先地位。应用方面，科大讯飞是国内头部金融企业运营商和国有商业银行智能客服底层技术的主要供应商，为部分手机、汽车、家电等企业的出口产品提供了重要的技术支撑。

在智慧教育领域，科大讯飞关注全学科智能批改、AI辅助学习机、因材施教等方面的智能应用服务技术。在高考作文和雅思作文的智能评分效率上，智能批改已经超过了人工批改；AI辅助学习机可以基于学生写作的薄弱点，推荐相关例句或素材；依托相关算法，智能应用可以为学生建立涵盖知识、能力、逻辑思维、沟通等维度的综合素质评价系统，并结合大数据进行潜力分析，辅助实现因材施教。

在智慧医疗领域，科大讯飞研发的“智医助理”系统早在2017年就通过了临床执业医师综合笔试。据报道，至2023年1月，该系统累计覆盖全国380个区县，AI辅助诊断超过5亿次，诊断准确率提升至97%，可以诊断的常见疾病数量超过1400种。“智医助理”可以有效规范诊疗过程，并降低漏诊、错诊和用药错误风险。

（3）多模态大模型：升级 AIGC 内容创作能力

在文字、图像、音频等单一模态模型下，AIGC的应用场景非常有限，难以实现内容创作方式的革新，而多模态大模型的出现，尤其是自然语言处理模型与其他模态模型的融合，大大拓展了AIGC技术的应用领域。AIGC技术可以将人类脑海中的想法转变为现实作品，实际上已经完成了从知识理解到自主创造输出的过程，这就迈出了通向人工智能的重要一步。

多模态大模型的基础能力包括两个方面，一是寻找并建立不同模态数据之间的联系，例如文字与对应图像的联系；二是基于这种联系，完成不同模态数据的相互转化，例如根据文字描述输出对应的图像。

第 3 章

应用场景：颠覆传统的内容生产模式

随着AI技术的创新和现有算法模型的迭代，AIGC在文本、图像、音视频、跨模态等内容创作中的应用也将越来越成熟，如图3-1所示。2022年9月红杉资本曾作出预测：2023年将进入AI写作的黄金时期，垂直领域的文案将得到精确调整，甚至达到科研论文的水平；代码生成有望得到成熟应用；图片类AI生成的黄金时期将在2025年到来；视频、3D模型则相对较晚，预计在2030年迎来发展高峰。

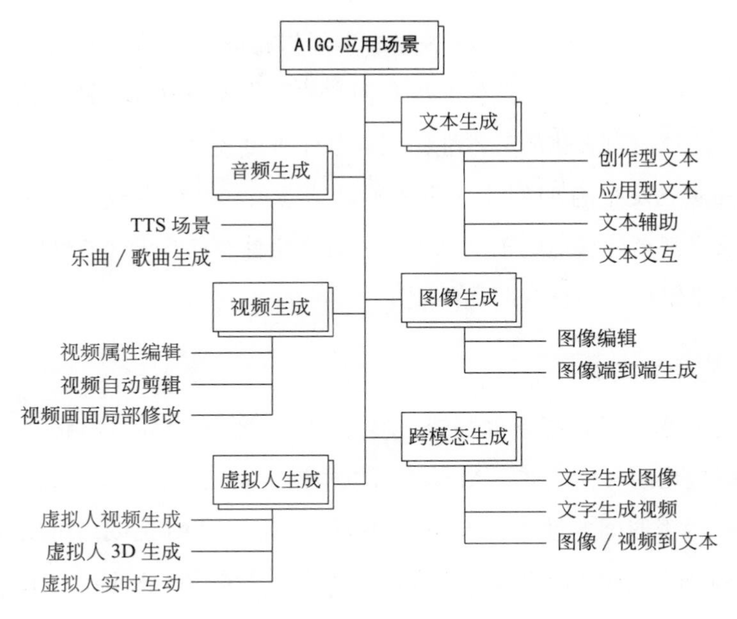

图 3-1　AIGC 应用场景

01　文本生成：实现个性化内容创作

我们首先分析AIGC在文本生成领域的应用场景，具体如图3-2所示。

图 3-2　AIGC 在文本生成领域的应用场景

（1）创作型文本

创作型文本主要涉及小说、诗歌、剧本等具有较高自由度和开放度的文学体裁。AI写作可以用于小说、剧本等故事创作和商业营销文案的写作，在进行内容创作时需要融入一些个性化的、有创意的写作思路，同时还要关注语言中蕴含的情感，注重语言表达的艺术性，因此创作难度较高。

目前，从已发布的AI写作应用的测试结果来看，在生成较短篇幅时可以满足创作要求，甚至能够达到较高水平，但其稳定性有待提升；在生成长篇幅文案时，其内部逻辑可能还存在明显问题。

（2）应用型文本

应用型文本主要是指新闻报道、客服问答、公司合同或财报等，此类文案通常具有结构化的写作范式，AI模型可以根据一定的写作规则生成文本。例如，新闻报道中涵盖时间、地点、人物、事件等，如果用AI生成，可以保障稿件的时效性。Narrative Science的联合创始人克里斯·哈蒙德（Kristian Hammond）认为，未来90%以上的新闻稿都会由机器人撰写。

（3）文本辅助

辅助文本的写作将成为更广泛的应用落地形式。依托AI的训练数据爬取或素材采集功能，作者可以根据写作思路和需求，定向收集某一方面的文案资料，并对文稿进行预处理（如聚类去重、删改润色等）后运用到所撰写的文章中。

（4）文本交互

文本交互即AI机器人与用户进行文字交流与互动，例如游戏中的NPC（non-player character，非玩家角色）个性化交互、虚拟伴侣或虚拟宠物的交互等。

2021年9月，"社交+养成"游戏"小冰岛"发布，游戏中的NPC及其交互对话均由AI生成，且拥有类似于普通社交软件的完整交互界面，用户可以创造属于自己的独特的交互生态"岛"。2022年4月，基于AIGC相关技术开发的叙事游戏平台Hidden Door上线，它可以辅助玩家共同创造游戏叙述，由此建立玩家之间的社交联系，为玩家带来特别的游戏体验。

目前，人工智能机器人已经具备了较高水平的文字内容创作能力，不仅可以驾驭诗歌、散文、小说等多种文风，还可以写广告、邮件、论文，甚至在社交媒体中与人类进行无障碍沟通。

2022年6月，百度AI数字人度晓晓写作高考语文作文，仅用40秒就创作了40多篇文章，其中一篇不仅立意明确、紧扣主题，还能够引经据典、使用比喻等修辞手法，获得了高考语文研究专家的赞赏。同年11月，美国人工智能研究公司OpenAI发布了聊天机器人程序ChatGPT，可以撰写各类文案如邮件、论文等，还能够像人类一样与人们互动聊天。

02 音频生成：AI 编曲引爆音乐行业

2022年10月，Play.ht推出的AI播客podcast.ai搜集网络上史蒂夫·乔布斯（Steve Jobs）的所有音频、视频内容和传记，将其作为学习数据，模仿乔布斯与播客主持人乔·罗根（Joe Rogan）进行了长达20分钟的交谈，讨论了乔布斯“自己”的大学时代，并谈到对计算机、工作、信仰等问题的看法，几乎达到了以假乱真的程度。

以上即是AIGC在音频生成领域的应用。AIGC在音频生成领域的应用场景主要体现在TTS场景与乐曲/歌曲生成两个方面。

（1）TTS场景

TTS（Text-To-Speech，语音合成技术）可以将文字内容转化为流畅的语音输出，它广泛应用于语音播报、有声读物制作、语音客服等场景中。

例如，中央广播电视总台音频客户端云听与杭州倒映有声科技有限公司合作，共同打造AI新闻主播；喜马拉雅App上线了由AI主播朗读的有声图书，重现了单田芳声音版本的《毛氏三兄弟》等作品。这不仅丰富了平台的有声书资源，也是AIGC商业化应用的成功实践。

此外，随着媒体内容创作方式的多元化发展，TTS技术也被运用到视频配音的场景中。部分音视频软件可以根据文档内容自动生成配音，涵盖多种语言和音色，例如剪映、九锤配音、XAudioPro等。

（2）乐曲/歌曲生成

目前，依托AIGC音频创作的相关技术，已经能够创作出纯音乐或乐曲中的主旋律。

音乐创作应用Mubert API可以通过输入文字描述（如音乐氛围、情绪类型）并结合用户上传的歌曲小样（demo），快速生成一段个性化音乐，即使文字相同，也可以获得不同的旋律。

德国电信公司组织的专家团队在AI大量学习贝多芬作品的基础上，用AI续写出了贝多芬未完成的《第十交响曲》，于2021年10月在德国波恩首演，作品较为精准地把握了贝多芬的作曲风格，得到了多数观众的认可。

随着AI作曲的发展，其功能可能被拆解为作词、编曲、混音等，为人们带来更多富有新意的作品。

03　图像生成：AIGC 图像生成算法模型

随着CLIP、Diffusion模型等算法的迭代升级，于2022年2月发布的Stable Diffusion在社交网络走红，它可以根据描述生成图像，但还无法刻画细节。仅仅过了两个月，OpenAI发布的DALL-E 2已经能够完整刻画人的五官，对细节的处理也更为完善。到8月，Stability AI开源的AI绘画模型Stable Diffusion完成的作品可以与专业画师的作品相媲美，且生成效率大大提高。

具体来说，AIGC在图像生成领域的应用场景主要体现在图像编辑与图像端到端生成两个方面。

（1）图像编辑

基于AI模型算法、神经网络等技术的图像编辑，可以直观地理解为引入AI技术的Adobe Photoshop，用户只需要上传原始素材图片并设定好输出预期，等待AI自动生成即可。

图像编辑分为图像属性编辑和局部编辑，前者是指修改图片的画风、色调、光影、水印、纹理等属性，例如Prisma、Versa油画相机和基于Web 端的Deepart等图片渲染工具，可以为普通照片添加艺术效果，将其渲染为油画、素描、水彩等多种风格，或自动捕捉人脸进行美化处理；后者是指更改图像局部构成，例如英伟达发布的CycleGAN可以将原图片中的马替换成斑马，Deepfake可以进行动态人像面部替换等。

（2）图像端到端生成

部分AI绘画模型目前已经可以实现完整图像的创作，这里主要列举基于图片生成另一图像的应用。例如：谷歌的Chimera Painter可以画出现实中不存在的怪物；DeepFaceDrawing可以根据简单的人像草图生成逼真的具体人像；艺术家可以利用GauGAN将自己画的简笔草图渲染成精细而逼真的多种风格的画作；

Artbreeder可以将多张图像智能合成一张新的图像，而非简单套用。

此处图像端到端生成主要指基于草图生成完整图像（比如VansPortrait、谷歌Chimera Painter可画出怪物、英伟达GauGAN可画出风景、基于草图生成人脸的DeepFaceDrawing）、有机组合多张图像生成新图像（Artbreeder）、根据指定属性生成目标图像（如Rosebud.ai支持生成虚拟的模特面部）等。

04 视频生成：视频智能化编辑与剪辑

目前，AIGC在视频创作方面已经有零星项目崭露头角，但算法模型还不成熟。清华大学联合智源研究院（BAAI）团队开发的文本—图像生成模型CogVideo，在算法逻辑上采用以下思路：先根据文本描述内容生成图像，再对这些图像进行插帧和补帧，最终生成高帧率的完整视频，目前该模型已开源。

2022年9月，Meta公司推出了AI视频生成模型Make-A-Video，可以根据文字、静态图片或视频生成一个几秒钟的短视频。在这之后，Google也发布了Imagen Video和Phenaki，Imagen Video先根据文字描述进行采样，再通过级联扩散模型生成高分辨率（能够达到1280×768）的视频；Phenaki则是根据一段具体的文字描述生成两分钟以上的长镜头，甚至可以讲述一个完整故事。

从技术角度看，视频实际上是若干幅图片按照一定逻辑顺序的连贯呈现。在文字—图像的AI模型中，首先需要根据文字理解生成若干图片，每张图片的细微变化将决定视频的动态内容，在此基础上，将图片按照一定逻辑顺序排列组合，最终输出连贯的视频。其难度自然要比生成文字和图片更大。如果通过模型不断迭代升级和优化算法，在生成高质量视频的基础上还能保证生成速度高，并实现商业化应用，那么将对现在的短视频、影视剧、广告、游戏等产业带来深远影响。

AIGC在视频生成领域的应用主要体现在以下几个方面。

（1）视频属性编辑

编辑的内容包括删除画面中的特定主体、修复视频画质、自动生成视频特效、人像自动美颜、自动添加特定内容（如水印）等。

（2）视频自动剪辑

AIGC视频自动剪辑主要是通过相关AI模型对视频画面、声音等多模态信息的融合特征进行学习，根据情绪、氛围等字段参数的设定，检测判断片段是否满足条件，然后自动切分或合成。

在视频自动剪辑方面，目前已有多家公司处于技术研发测试的阶段。例如，IBM开发的Watson系统可以自动剪辑电影预告片；斯坦福大学与Adobe研究团队共同开发AI视频剪辑系统；影谱科技可以根据对视频的结构化视觉分析（如场景识别、动作识别、道具检测等），按照规定的转场、区域、效果、脚本等要素对视频进行自动叠加、合成或拼接。

（3）视频画面局部修改

这一功能的实现主要以Deepfake视频制作为代表。用户可以将视频中的人物面部替换为其他人的面部，用户在上传原始视频和目标人像后，算法模型会自动检测原视频、目标人像的面部特征、运动模式等信息，再进行逐帧复刻，输出视频在保留音频的同时，还能够模仿原视频的表情瞬间。随着算法模型的迭代和优化，人物的全身合成、虚拟环境合成也正在实现。

05 跨模态生成：内容自动转换与处理

“模态”即事物的表现形式，一个事物可以同时存在多种模态，从多个视角出发对该事物进行描述。例如温度传感器的数据呈现方式包括具体文字描述、热力图或语音播报等。多模态数据能够更加具体、全面地展现事物的状态和性质，多模态转化是AIGC应用的基础，也是人工智能领域的重要研究方向。目前，多模态研究已经在自然语言处理、机器翻译、情感分析、感知识别等方面取得了突出进展。

多模态大模型主要是基于Transformer架构进行预训练的，这一领域还有巨大的发展潜力。一是由于模型算法本身还有较大的优化空间，二是由于多模态大模型的训练需要海量数据，数据集完善程度是影响训练效果的重要因素。以

CLIP模型和GPT模型为例，随着训练数据规模的增长，其模型性能可显著提升。聊天机器人ChatGPT在GPT-3.5模型的基础上投入应用，能够根据文字内容输出文字，其底层大模型过渡到GPT-4后，不仅输出内容的质量大幅提升，还能够支持图片等多模态输入。

目前，多模态预训练大模型的训练以语言和视觉图像两种模态为主，未来随着模型算法进一步成熟，能够训练的模态类型将进一步扩展，多模态数据的预训练大模型可以为多模态AIGC产品的开发奠定基础。

（1）文字生成图像

2021年，OpenAI发布的深度学习模型CLIP和图像生成模型DALL-E为AIGC实现“文字—图像”的转化打下了基础。2022年，Stable Diffusion、DALL-E 2等多款绘画模型的发布充分证明了AI根据文字描述创作图像的可行性。

微软亚洲研究院于2021年就提出了多模态预训练模型VLMo（Vision Language pretrained Model），该模型以混合模态专家（MOME，Mixture-of-Modality-Experts）Transformer为核心，可以使用一个结构同时完成图像、文本、图文混合三种模态的数据输入，VLMo由此制定了与之对应的分阶段训练策略和训练任务。

2022年8月，该团队在VLMo的基础上推出了通用的多模态基础模型BEiT-3，其中提出用于通用建模的Multiway Transformer，并以此为骨干网络，以统一的方式对单模态（如文本或图像）和多模态（主要指“文本—图像”）数据进行掩码数据建模。

（2）文字生成视频

从传统的视角来看，视频实际上是由若干关键帧[1]按照一定的逻辑顺序连续

---

[1] 关键帧：计算机动画术语，指角色或者物体运动变化中关键动作所处的那一帧，相当于二维动画中的原画。

播放呈现出的视觉效果，因此从文本到视频的转化可以看作是从文本到图像的进阶版技术。

按照生成方式划分，主要有拼凑式生成和全新创作两种方式：

- 拼凑式生成实际上是在视频、音频、图像等既有素材的基础上，根据文字描述和要求，按照一定的模型完成自动剪辑和拼接，这种方式技术门槛较低，所创作视频的质量受模板数量、授权素材库体量的影响较大；
- 全新创作方式对算力和 AI 学习模型算法的要求较高，目前能够生成视频的帧率、分辨率比较局限。

（3）图像 / 视频到文本

现阶段，从图像到文本的应用主要体现在图片文字识别与文字提取方面，而视频到文本的相关技术则广泛应用于视频字幕生成中，同时，相关研究者也在进行视觉问答系统和更多预训练模型的开发。多模态融合与转换的探索有助于开辟出新的应用场景和商业模式，例如视觉语言学习模型 ALIGN（A Large-scale ImaGe and Noisy-text embedding, 大规模图像和噪声文本嵌入）和 METER（Multi-modal End-to-end TransformER, 多模态端到端转化模型）。

多模态在感知、交互和内容分发等应用场景中起到了基础性作用：

- 在感知方面，例如自动驾驶领域感知器的应用，相关感知应用可以实现温度、湿度、速度等各项指标的多模态转化，用户则可以通过智能终端准确、实时地获取图表、数值等多模态信息；
- 多模态交互在家庭、办公室等场景中有广泛应用，例如，用户可以通过语音或移动终端上的应用程序控制居家设备，成熟的交互功能能够大幅提高设备使用体验，同时交互体验也是智能化设备的重要评价指标；
- 多模态的内容分发则涵盖多个领域，包括 AIGC 应用、虚拟人等输出的文字、图像、音频等内容。

06 虚拟人生成：赋能传统产业智能化转型

近年来，随着深度学习模型的算法技术不断取得突破，数字内容产业结构划分逐渐明朗。以微软、百度、谷歌等为代表的互联网行业巨头纷纷投入多模态AI大模型的研发中，已经取得了一定的成果。Stable Diffusion、GPT-4、文心一言等大模型的发布为虚拟数字人的发展提供了有力支撑。

融合AI写作、AI绘画、AI音视频生成等交互功能为一体的虚拟人是AIGC技术发展的另一赛道。简单地说，虚拟人就是拥有人类形象的能够模仿人类思维方式与人们进行交互的智能机器人。目前，该技术已经在虚拟主播、虚拟偶像等领域有了广泛应用。

（1）虚拟人视频生成

虚拟人物视频是目前AI驱动型虚拟人最为广泛的应用场景之一，具体地说，就是将AI生成的虚拟人物（如虚拟偶像、虚拟主播等）融入视频中，视频制作者可以设定虚拟人物的外观、动作、语音播报速度等属性，以达到最佳视频效果。随着技术的进步，虚拟人物的仿真程度也在不断提高。

（2）虚拟 3D 生成

通常，我们利用Maya或3D Studio Max等软件建立三维模型，创作者需要具备一定的色彩学知识、美学素养和数学模型计算能力。如果要做出高质量的三维画面，往往需要投入大量的时间和人力，同时也伴随着高昂的成本。

随着AI技术的发展，神经辐射场（Neural Radiance Fields，NeRF）模型有望成为更为高效、便捷的3D建模方案。关于NeRF的论文在2020年的欧洲计算机视觉国际会议（European Conference on Computer Vision，ECCV）上引起了广泛关注，NeRF模型可以将二维图像渲染生成三维画面。目前，谷歌、英伟达等公司已经开始训练自己的NeRF模型并取得了一定的成果，其中英伟达基于一种多分辨率哈希编码技术，将NeRF模型的训练时间从5小时缩短至5秒。

（3）虚拟人实时互动

AI虚拟人的真正价值在于实时交互功能。例如，银行大堂里的“虚拟员工”可以为客户提供一部分基础服务，如业务咨询、业务办理指引等，客户通过语音沟通或在屏幕上勾选选项来实现与虚拟人的交互活动。目前，一些科技公司正在研发灵活性更高、功能更加丰富的虚拟人，例如百度开发的AI数字人度晓晓和小冰公司开发的虚拟助手小冰，集成了3D人物形象建模、语音识别、自然语言理解、多模态交互等技术，以完备的产品架构支撑多样化的应用场景，赋能教育、直播等多个行业。

在AIGC技术的赋能下，虚拟数字人的制作效率得到大幅提升，应用场景进一步拓展，多模态交互性能也更加完善，丰富的训练数据积累可以赋予数字人更多个性化特征，使人们获得更好的交互体验。

2023年3月，Corridor团队用AI创作的动画短片《石头剪刀布》在社交媒体YouTube迅速走红，他们先用真人演员拍摄人物动态，再通过机器学习模型Stable Diffusion把图像逐帧转化为动画风格，并利用谷歌推出的扩散模型DreamBooth进行微调，最终创作了这部富有新意的短片。整个创作过程大大节约了人力成本和时间成本，它是对现有复杂动画制作流程的突破。

随着训练模型规模的扩大，AIGC的创作能力将进一步提高，并发展出相对成熟的商业模式，从而带动整个内容创作产业的发展。其中，面向企业客户的内容生产工具在电子商务、线上客服等应用需求的驱动作用下，将更快实现商业化落地。同时，虚拟人、AI写作、AI绘画、AI建模等内容范式将推动元宇宙世界的发展，而基于元宇宙井喷式的内容需求，AIGC的创作潜力将得到进一步开发。在这一趋势下，虚拟数字人产业将发生变革，企业除了强化虚拟数字人的研发能力之外，还有必要具备CV（Computer Vision, 计算机视觉）、CG（Computer Graphics, 计算机图形学）等技术基因以适应行业、市场的发展。

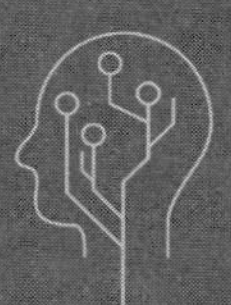

AIGC革命：

Web 3.0 时代的
新一轮科技浪潮

第二部分

AIGC 产业图谱

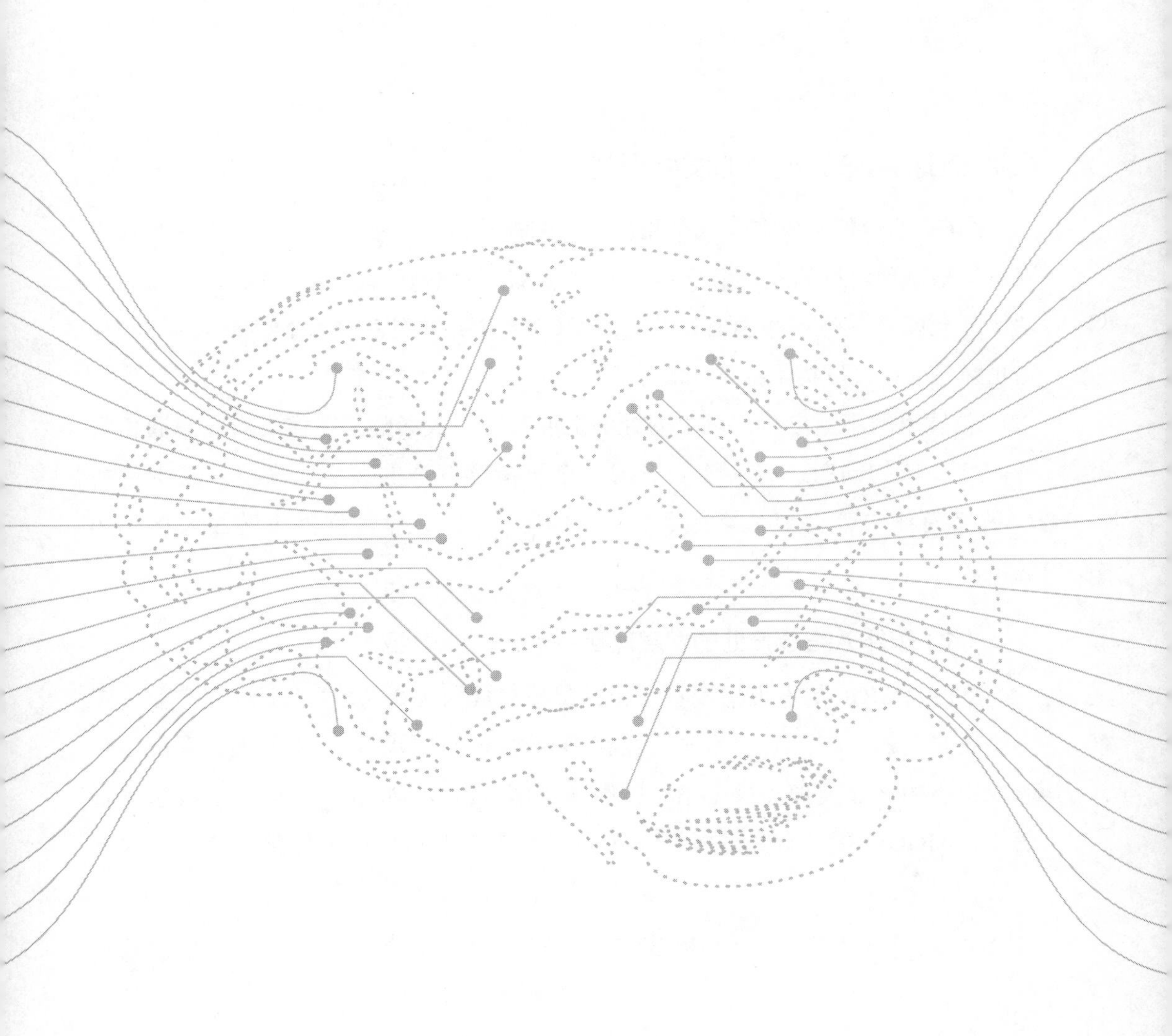

第 4 章

赛道掘金：AIGC 引爆万亿市场新蓝海

01 全球 AIGC 产业的发展现状

AIGC的价值不仅在于效率和创造力的提升，还在于对未来生产生活方式的变革，根据现阶段的发展情况看，AIGC已经可以替代部分基础性、重复性的劳动，甚至能够胜任某些创造性劳动。AIGC有着广阔的市场和巨大的发展潜力，这也是各大科技巨头争相布局的原因。

AI技术的不断进步，可以为经济发展带来积极影响，在促进商业流通和服务方式变革的同时，将会演变形成一个可持续发展的数字化产业，其中包括AI数字商业内容、AI数字服务、AI数字运营以及AI数字供应链四大核心产业链。

（1）国外 AIGC 产业的发展现状

从目前AIGC的发展情况看，2023年已经成为AIGC从学术研究向产业化应用快速转变的一年，AI技术与商业将相互融合、互为支点、相互推动发展，并形成相当的产业规模。根据量子位智库预测，2030年AIGC市场规模将超过万亿元。AIGC将赋能存量业务降本增效，增量方面则推动多样化的跨模态内容生成。

根据技术研究咨询机构Gartner于2022年9月发布的报告——《人工智能技术成熟度曲线》显示，与AIGC密切相关的生成式设计AI模型将在未来的几年内快速成长，预计在5 ~ 10年内实现成熟应用。AIGC的繁荣发展，有助于推动形成集AI数字内容资产管理、产权保护、合规性评估等产业服务的完整生态链，将技术优势转化为实际商业价值，促进数字经济发展。

微软作为IT技术界的“元老”，从2016年起就成为OpenAI模型训练的云服务供应商，并因此洞察到OpenAI巨大的发展潜力。2019年，基于OpenAI的资金需求，微软几乎在第一时间向其投资了10亿美元，促使GPT-1到GPT-3快速迭代升级。

2022年11月ChatGPT发布后，用户量快速增长。两个月后，微软宣布追加投资数十亿美元并加强合作，计划将ChatGPT整合到旗下产品中，以进一步推动AI技术发展。在未来，要使ChatGPT超越文本生成的范畴，通过对现实世界的认知和理解，推动机器人为人类提供帮助。目前，微软正在将DALL-E、ChatGPT等模型整合到自身旗下的产品中，例如使ChatGPT赋能必应（Bing）搜索引擎，为用户提供更好的信息检索服务。同时，微软发布Azure OpenAI云服务，为企业或开发者提供高性能的AI模型，这有助于进一步推动AI技术的商业化落地。OpenAI作为AIGC领域的先行者，已经有了较为明确的商业化方向，一方面，它可以赋能办公软件、搜索引擎等应用产品，为C端用户带来更好的服务体验；另一方面，OpenAI可以构建起以ChatGPT为基础的产业生态，为B端用户提供算力、算法模型，进一步拓展AI技术的应用领域。

同一时期，微软最大的竞争对手谷歌投资了Anthropic并计划推出类似ChatGPT的产品。除了AI文字交互，其他科技巨头如英伟达、亚马逊、Meta等，都纷纷布局AIGC领域，未来人机协同将成为大势所趋，全球数字化劳动力市场规模也将进一步扩大。

国外科技巨头在AIGC领域的布局如图4-1所示。

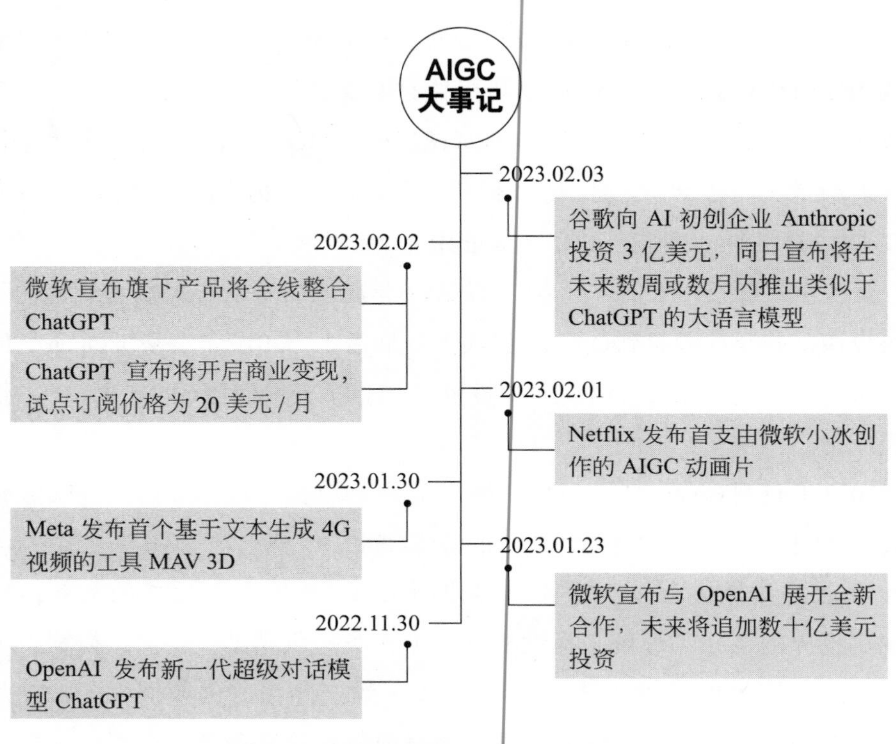

图 4-1　国外科技巨头在 AIGC 领域的布局

（2）我国 AIGC 产业的发展现状

中国的AIGC产业起步较晚，在底层模型开发、资金和算力的投入上，与国外相比还有较大差距。目前，我国在AI写作和智能语音合成方面发展较快，虚拟人和AI聊天交互应用尚处于研发阶段，还没有出现相对成熟的产品。另外，国内有实力的厂商之间合作非常有限，大多是根据自身原有业务形态独立开发深度学习模型；一些厂商主要从内容布局入手，缺乏坚实的技术基础，基本还停留在免费引流阶段，商业模式还不成熟。

02　AIGC 带来的商业模式变革

近年来，随着神经网络、深度学习、自然语言处理等概念的提出与实践，加上多项关键技术的应用、算法模型的不断完善与优化，数字化系统真正具备人类的“智能”成为可能，AI技术有了突飞猛进的发展。有人认为，“AIGC+”将成为全球性趋势，训练数据集和底层模型开发能力将成为下一个科技时代的核心竞争力。随着AIGC商业化的推广，AI的显性化趋势将更为显著。

AI技术的发展与深化应用，不仅可以为未来生产方式、商业模式的发展带来巨大变革，还有可能使AIGC成为一种普通人也可以熟练运用的工具，而不仅仅是掌握在个别专业技术人员手中的高端技术。AIGC在提升效率、降低成本方面的优势也可以被充分挖掘，从而带来商业模式的变革，如图4-2所示。

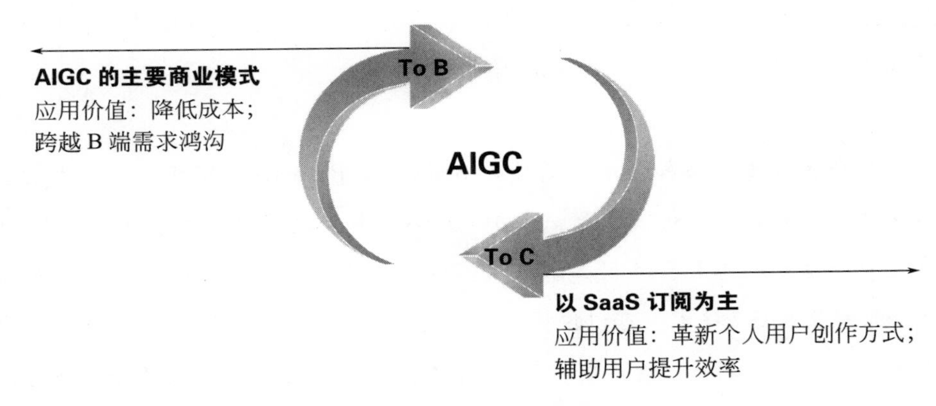

图 4-2　AIGC 带来的商业模式变革

（1）To B：AIGC 的主要商业模式

根据现阶段情况看，AIGC的相关应用虽然受到C端用户的广泛欢迎，但C端用户大多是在好奇和娱乐心态的驱使下去体验产品，实际上缺乏持久的需求动力。而对于B端用户来说，AIGC是一种能够为其创造价值的工具，因此需求和付费意愿更加稳定长久。

对于B端用户而言，AIGC的应用价值主要体现在以下两个方面：

①降低成本

AIGC已经可以替代创作者完成部分创作工作，工作人员可以先通过相应的AI写作、AI绘画软件生成作品，在此基础上进行修改调整，可以减少因缺乏灵感或多次修改返工带来的时间成本损耗，大大提高创作效率。

AI写作可以应用在网站内容编辑、商业营销推广文案、新闻稿件撰写等场景中；AI绘画创作则可以应用于各类平面设计、美术设计场景，包括书籍封面和插图设计、新闻稿配图设计、网页美术设计等。AIGC能发挥多大的效益，受到所处市场空间和作品质量的影响。

②跨越B端需求鸿沟

在B端业务中，存在这样一种情况：乙方根据甲方需求初步完成项目或产品后，甲方因对原有方案不满意而提出了更高的需求预期，导致该项目或产品反复修改，而实际上，甲方的需求往往是难以被完全满足的，这里甲方对某个项目或产品的需求程度，即被称为“需求鸿沟”。

例如在构建围绕某知名小说的IP（Intellectual Property）矩阵时，对于衍生出的电视剧、电影、游戏、动漫、手办等产品，需要大量原创作者来丰富内容，但这是一个浩大的工程，不仅工作量大，内容修改与需求协调的过程也极为烦琐。如果利用AIGC技术，可以仅凭借少量的手稿、草图，在模型自动生成的内容之上再进行细节调整，便可快速构建起IP矩阵。AIGC技术有助于甲乙双方跨越需求鸿沟，保障大型B端项目的实现。

同时，AIGC给B端用户带来的效率提升和收益增值是可预见的，它可以减少困难项目需求对接中的矛盾，促进双方的顺利沟通与合作。因此，B端市场才是AIGC主要的商业模式方向。

（2）To C：以 SaaS 订阅为主

对于C端用户来说，AIGC的最大价值在于：只需付出微小的成本，就可以运用AIGC工具大幅提高自身的创作效率和输出内容的质量。而从AIGC厂商的角度来说，为C端用户提供软件运营订阅服务（Software as a Service，SaaS）是其主要的商业模式。

AIGC在SaaS模式中的商业价值主要体现在创作工具和效率工具两方面：一

是个人用户创作方式的革新，如果利用AI写作、AI绘画等软件，即使是非专业的内容创作者也可以创作出高质量的作品，这就大大降低了创作门槛，有助于挖掘出个人创作者的价值；二是AIGC工具可以辅助用户提升效率，例如在信息获取、电子表单整理、文案撰写辅助、音视频编辑等活动中，AIGC工具可以为用户节约更多时间，甚至可以将其纳入基础工作流程。

从AIGC产业的中长期发展来看，发展以AIGC工具为底层基础设施的SaaS订阅服务将是C端市场的主要趋势，目前写作工具Jasper-AI、绘画工具Midjourney等都开始在这一方向上探索，基于用户提升效率、获取创意等需求改进产品。

03 国外科技企业的AIGC商业布局

目前，国外的微软、谷歌、Meta等互联网科技巨头基于其资源优势而处于AIGC领域的主导地位，但同时也存在OpenAI、Stability AI等新晋独角兽公司，它们在AI写作、AI绘画等方面积极进行实践应用的探索，并逐渐向着AI生成视频的方向拓展。2022年9月，Meta推出了AI视频创作工具Make-A-Video，它可以根据文字提示生成短视频；同年10月，谷歌发布了同类工具Imagen Video和Phenaki，巩固了AIGC继写作、绘画之后，颠覆短视频产业的可能性。

下面我们详细梳理国外科技企业在AIGC领域的商业布局。当前，国外比较热门的AIGC应用如表4-1所示。

表4-1 国外AIGC领域的热门应用

应用名称	应用领域	底层模型	成立时间
OpenAI	AI文字底层协议	CLIP、GPT-3	2015年
Stability AI	AI文字底层协议	Stable Diffusion	2020年
Play.ht	AI生成语音	Peregrine	2016年
OthersideAI	AI协作邮件	GPT-3	2020年
Copy.ai	AI广告文案	GPT-3	2020年
Jasper AI	AI广告文案、播客	GPT-3	2020年

续表

应用名称	应用领域	底层模型	成立时间
Notion AI	AI 写作、翻译	GPT-3	2022 年
Midjourney	AI 作图	Stable Diffusion	2022 年

（1）OpenAI/ GPT-3/ChatGPT

OpenAI最初是由特斯拉的CEO（首席执行官）埃隆·马斯克（Elon Musk）与Y Combinator的CEO山姆·阿尔特曼（Sam Altman）等人于2015年共同创立的非营利组织，旨在实现通用人工智能的应用。OpenAI于2019年得到了微软的投资并与其云计算平台Azure合作，逐渐转变为营利性质。

2020年，OpenAI发布了具有1750亿参数的预训练模型GPT-3，无疑成为自然语言处理（NLP）领域的佼佼者。2022年4月，OpenAI推出了用于文本到图像生成的DALL-E2项目，这成为AI作画领域的最热门应用之一；2022年11月，人工智能聊天机器人ChatGPT上线并迅速走红，其强大的交互功能为未来AIGC的发展和商业模式创新提供了新的思路。

（2）Stability AI /Stable Diffusion

Stability AI由投资人莫斯塔克（Emad Mostaque）创立于2020年，他致力于打造开源AI项目，其标语是“AI by the people，for the people”。Stability AI专注于AI生成图像、音视频等方面算法模型的研发，是AIGC领域毋庸置疑的“领头羊”。

2022年，在去中心化团队Eleuther-AI的支持下，Stability AI推出了AI绘图模型Stable Diffusion，并履行其原则，在8月份完全开源。这一模型解决了渲染过程中内存资源占用大、效率低的问题，具有技术突破的意义，其开源得到了广大AI技术爱好者和AI学者的赞赏。同时，一些AIGC项目对其进行二次开发，完善了许多细节，推出了更多相关领域的算法模型。

2022年10月，Stability AI获得1.01亿美元融资，其估值预计达到10亿美元。CEO莫斯塔克表示，将用这笔资金继续支持面向全球消费者和企业的AI模型的研发，鼓励领域内开发实体创造真正的价值。

（3）Midjourney

Midjourney由David Holz创立，是一款架设在聊天应用Discord中的AI绘图工具，也是与Stable Diffusion、DALL-E 2齐名的最有影响力的AI绘图工具之一。

目前，Midjourney以简易的操作、优越的性能、高质量的创作水平赢得了600万用户的支持，用户只需要输入一段简单的描述文字，Midjourney就可以在1分钟内生成4幅与要求精准匹配的、达到专业级水准的画作供用户选择。

（4）Copy.ai

Copy.ai创立于2020年，是一款以OpenAI的GPT-3模型作为底层技术的文案生成器，用户只需要输入主题（或标题）、关键词或大纲，就能够快速生成一篇文稿，然后利用编辑器对其进行润色、修饰。

Copy.ai涵盖广告营销文案、邮件、博客等多种类型，可以达到大多数人的写作水平，目前主要为企业提供服务。至2022年底，Copy.ai融资额达到1400万美元，其年度经常性收入（Annual Recurring Revenue, ARR）已超过1000万美元，用户突破了200万。

（5）Jasper AI

Jasper AI于2021年初上线，与Copy.ai类似，也是一款基于GPT-3模型的文案内容编辑器，同样可以完成博客、邮件等多种体裁的写作，营销推广文案是其突出优势，且支持数十种语言。2022年10月，Jasper从Insight Partners、Coatue、Bessemer Venture Partners以及Y Combinator等机构那里筹集到1.31亿美元，估值约15亿美元。

（6）Play.ht

Play.ht是一款可以根据文本生成音频内容的应用，于2022年9月发布了第一个语音模型Peregrine，其中包含数百种自然语言，并集成了实时语音合成功能，能够模拟真人进行流畅的叙述，甚至可以为视频、播客等提供逼真的配音。2022年10月，Play.ht上传的采访乔布斯的播客内容引起了广泛关注。

（7）Notion AI

Notion AI是一款AI写作与知识管理应用，同样也引入了OpenAI的 GPT-3模型，但Notion AI除了撰写文案以外，还能够自动检查并更正稿件中存在的语法、拼写问题，且具备翻译功能、“头脑风暴”功能，可以为用户提供一些创意性的意见。此外，用户可以在平台上构建自己的档案库、管理活动日程等。截至2023年2月，Notion AI还处于测试阶段，Notion AI的“入圈”，将会为用户提供更高质量的服务，并推动AI写作产业的发展。

04 我国“AIGC 概念”的上市企业

与上述提到的在AIGC领域进行商业布局的国外科技企业相比，我国与AIGC相关的代表性企业相对较少，研发进度相对较慢。下面一一介绍目前我国“AIGC概念”的上市企业。

（1）视觉中国

视觉中国作为集视觉内容生产、传播和版权交易为一体的互联网平台，也正积极布局AIGC领域。2023年2月，视觉中国宣布与百度旗下的AI作画平台“文心一格”就版权保护、创作者赋能等多方面展开合作。而在此前，视觉中国旗下的“元视觉”艺术网设立了AIGC专辑，已开始收录并发行AI创作的艺术作品。同时，视觉中国入驻腾讯会议应用市场，为其用户提供更丰富的虚拟背景图片，涵盖插画、摄影作品、AIGC创作的图像等。

视觉中国结合自身业务类型，在AIGC赋能内容创作以及商业模式创新等领域均进行了积极的探索，有助于进一步挖掘出AIGC多元化的商业价值，推进AIGC相关产业的发展。

（2）风语筑

风语筑作为中国数字科技应用领域的龙头企业，凭借长期积累的人机交互、VR/AR、裸眼3D等方面的数字化技术优势，积极布局AIGC赛道。

2023年2月，风语筑宣布与百度达成AIGC战略合作伙伴关系，双方将共同探索并推进AIGC在图片、文字、音视频以及虚拟人等领域的模型训练和落地应用，为搭建高仿真的3D数字化场景创造条件，为用户打造沉浸式交互体验，同时将产品及相关应用服务拓展到文化旅游、商业数字化推广、新零售体验、政务服务等多个领域。风语筑有望成为未来元宇宙虚拟空间的优势运营商和服务商。

（3）蓝色光标

蓝色光标成立于1996年，作为一家品牌管理顾问机构，为企业提供优质的营销推广方案是其主营业务之一。随着互联网信息技术、计算机技术的发展，其业务形态也较早开始了数字化转型，逐渐积累了一定的IT、AI等技术基础。2021年起，蓝色光标集团进入AIGC赛道，旗下的AI智能营销平台销博特（Xiao-Bote）利用蓝色光标业务活动中积累的大量文案、图片素材，进行AIGC写作、绘图等相关模型的开发。

2022年底，销博特发布AIGC“创策图文”营销套件，整合了此前研发的“小灯泡”AI创意组件、国风文案AI模块、“康定斯基”AI绘画模型、AI虚拟人“蓝零壹”等功能模块，为用户提供包括策划、创意、文案、海报、视频脚本等内容的一体化智能生成解决方案。在策略方面，AIGC“创策图文”可以根据社群数据和调研数据生成用户画像；在创意方面，结合卖点、人群等元素组合，可以给用户带来创意启发；在文案方面，可以基于品牌名、情景关键词等生成品牌标语；在海报方面，可以结合营销热点或关键词生成图像。

（4）浙文互联

浙文互联旗下米塔数字艺术社区是一个发展较为成熟的数字艺术品服务平台，同时也是Web 3.0创作者社区先行者，米塔平台于2023年初推出了基于人工智能内容生成技术的AI绘画功能。

AIGC赋能下的“米画”，不仅可以帮助创作者解决创意呈现的问题，还可以提高作画效率；同时，可以根据用户输入的关键词，从算法层面记录相关特征，保证作品的原创性，从而更好地维护创作者的权益。目前，米塔“AI绘画”在创作“二次元”动漫风格的作品时有较高的准确度，未来随着算法模型的迭代与优化，可以“驾驭”更多画风。

（5）中文在线

中文在线是全球最大的中文数字出版机构之一，拥有海量的正版优质数据资源，业务领域与AIGC具有较高的适配性。2021年，中文在线就已经开始在AI生成内容领域布局，并且与北京澜舟科技有限公司合作，共同推动AI算法模型的开发，探索AIGC技术在小说、漫画等衍生业务领域的作用，以促进AIGC应用场景的多元化和新商业模式落地。

目前，中文在线已上线了三款AIGC产品，分别为AI写作、AI主播和AI绘画功能。其中，AI写作已经在其旗下网站“17K小说网”上线，作者可以运用这一功能辅助创作，仅需填写关键词或短语，就可以生成关于场景描写、人物刻画等的内容，适用于都市言情小说、玄幻小说等多种题材；AI主播则主要运用于有声书语音生成方面，AI模型可以根据文字内容生成符合故事语境或角色情感的音色。

（6）昆仑万维

昆仑万维于2022年12月正式发布并开源了“昆仑天工”AIGC全系列算法与模型，其中包括天工妙笔SkyText、天工巧绘SkyPaint、天工乐府SkyMusic、天工智码SkyCode，覆盖文本、图像、音乐、编程等多模态内容生成领域，这使其成为国内少数AIGC模型开源的公司之一。

公司后续主要有两大发展方向：一是促进模型不断完善与优化，训练出一个自己的ChatGPT；二是促进相关模型的应用落地。

（7）天娱数科

天娱数科是一家具备“游戏”和“元宇宙”双重属性的上市公司，它依托于数据、算法、场景三大核心优势，积极布局元宇宙数字资产的“生产”，在元宇宙底层技术研发创新的要求下，积极推进“虚拟数字人+AIGC”的探索实践。

2023年2月，天娱数科旗下元境科技自主研发的“MetaSurfing-元享智能云平台”升级上线，接入ChatGPT大模型等AIGC技术，成为一款集虚拟数字人生成、驱动、应用等为一体的智能SaaS平台。该平台可以实现从文本、音频到视频、图像、交互信息等多模态的转化，并代替人工完成音频录制、图像渲染、直播等工作。在此基础上推出的虚拟数字人直播，可以7×24小时在线互动，大大降低了人力成本，并推动公司从IP孵化、数字营销到行业解决方案的全链路服务模式的探索创新。

国内AIGC相关赛道的企业如表4-2所示。

表 4-2　国内 AIGC 相关赛道公司的梳理

赛道	公司	AIGC 领域
自然语言处理 NLP	科大讯飞	语音识别和人工智能
	拓尔思	通过基于大数据和 NLP 的知识图谱的构建，为虚拟人安装知识大脑
AIGC 生成算法和数据集	百度	文心大模型，可以进行自然语言处理或图片修复
	视觉中国	拥有高质量图片数据集，可以生成图片
	昆仑万维	旗下海外平台 StarX 具有 AI 作曲能力
	蓝色光标	发布一键生成抽象画平台“康定斯基模型”，用于 AI 绘画
算力	澜起科技	全球服务器芯片供应商
	天孚通信	全球光模块及数通厂商光学器件供应商
	中兴通讯	5G 设备商
	新易盛	领先的光收发器件解决方案提供商
	美格智能	物联网智能模组供应商
	奥飞数据	IDC（Internet Data Center，互联网数据中心）服务供应商
	中际旭创	全球光电子领军企业

第 5 章

产业生态：驱动新一轮科技产业变革

01 产业架构：基础层 + 中间层 + 应用层

随着AI学习模型迭代升级与各类应用服务进入市场，AIGC产业链的形态逐渐明晰。从OpenAI推出的智能聊天应用ChatGPT来看，其功能的实现依赖于GPT大模型，GPT大模型的训练则离不开微软Azure AI超算平台的算力支持。由此我们看出，AIGC产业链包含算力提供、算法模型开发、应用服务等各环节。

AIGC的产业架构分为基础层、中间层和应用层，如图5-1所示。

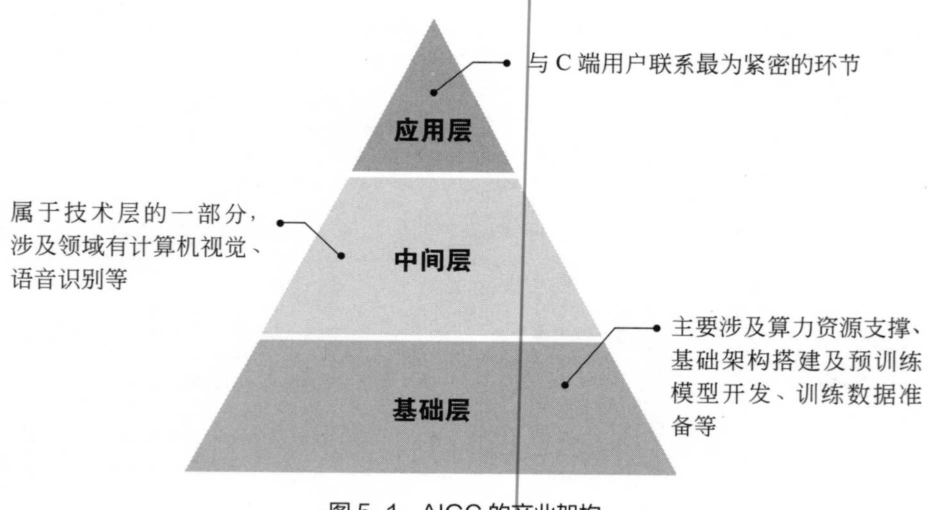

图 5-1 AIGC 的产业架构

（1）基础层

基础层主要涉及算力资源支撑、基础架构搭建及预训练模型开发、训练数据准备等。由于预训练阶段的AI深度学习模型在算力、软硬件设施等方面的投入较大，进行预训练模型开发的主要是像微软、谷歌、Meta、英伟达这样有着雄厚资金、算力资源和技术实力的科技巨头。

例如在算力方面，Meta开源的超大规模语言模型OPT-175B大约包含1750亿参数值，训练使用了992张80G的英伟达A100 GPU，而这与此前OpenAI发布的GPT-3模型相比已经大大减少。训练一次1746亿参数的 GPT-3模型所用算力约为3640 PFlop/s-day（假如每秒计算一千万亿次，也需要计算3640天）。为了减少计算耗时、降低成本并拓展算力资源，Meta联合英伟达和Penguin Computing等公司共同打造AI超级计算机RSC，届时训练大规模NLP模型的速度将提升3倍。

（2）中间层

中间层是在大模型基础上针对垂直场景或特定需求而进行的模型二次开发活动，它属于技术层的一部分，涉及领域有计算机视觉、语音识别等。中间层定制化、场景化小模型的开发可以为相关应用在具体行业或领域的部署提供支撑，辅助各种具体功能的落实。中间层的开发水平会直接影响AIGC产业发展程度。

中间层厂商在预训练模型的基础上对其进行调试、完善和优化，进一步开发出场景化、定制化的算法模型（或应用），促进垂直领域和具体行业的AIGC应用商业落地。例如目前AI写作领域的Copy ai、Notion AI都是在GPT-3的基础上开发的，Novel AI是基于开源模型Stable Diffusion开发出的AI绘画工具。从预训练模型到细分行业模型的演变过程中，基础层企业实际上扮演了MaaS（Model as a Service，模型即服务）服务提供方的角色，可以通过收取模型接口使用费来平衡成本投入，赚取收益；而中间层企业能够以更低的成本来研发AI模型，提升了行业参与度，有利于AIGC相关产业的多元化发展。

（3）应用层

应用层是与C端用户联系最为紧密的环节，应用层厂商贴近C端用户市场，以用户需求为导向，向其提供多样化的AIGC应用服务，从而推进AI写作、AI绘画在具体领域的落地。目前，已有多款AIGC应用在社交网络上走红，绘画方面以DALL-E 2、Stable Diffusion、Midjourney为代表，文字、交互方面最知名的则是ChatGPT。

国内以腾讯、百度为例，腾讯研究院在发布的报告中提到，其开发的“混元”AI大模型能够基于广告文案自动生成视频；百度的“文心一言”最可能成为ChatGPT的国产替代；视觉中国与百度的“文心一格”合作，共同布局AI绘画领域，同时依托其数字版权内容优势布局AIGC数字藏品。

02 产业上游：AIGC 数据服务

AIGC产业的发展依托人工智能的发展，而人工智能具备出色的数据分析、创作、决策能力的基础是训练数据的投入，训练数据的规模越大、质量越高，模型训练效果就越好。

随着机器学习模型算法的优化和人工智能在各行业的深入应用，对高质量数据集的需求将不断增长。为了提高深度学习模型的性能，或有针对性地对模型进行修正或优化，就需要以高质量数据集作为训练数据，因此需要对来自各种渠道的原始数据进行加工、筛选、整合，使之符合相关模型的训练需求。这些数据集通常由处于产业上游的数据服务商提供，有实力的研发团队也能够自主获取高质量的数据资源。例如GPT系列模型，每次迭代后使用的数据集在质量、数量上都有显著提升。

基础数据服务是AIGC产业的上游，也是产品价值链上的重要一环，能够提供的数据服务类型如图5-2所示。

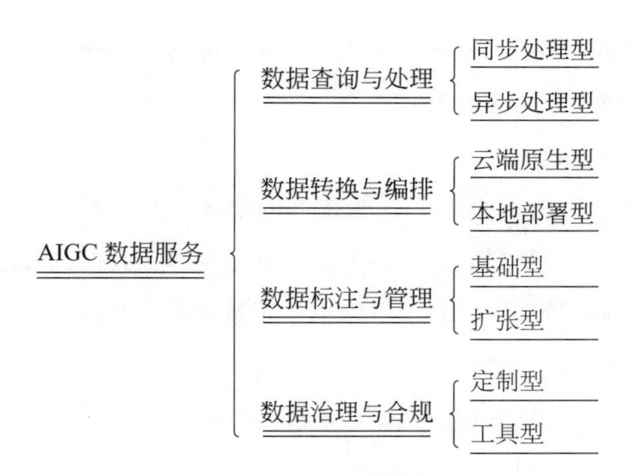

图 5-2　AIGC 数据服务的类型

①数据查询与处理

目前，数据库主要可以分为两种类型，一种是不区分数据来源的，正如由不同源头的河流汇集形成的湖泊；另一种是对数据进行分类归档，正如整理有序的仓库。

模型训练通常会对两种数据库的数据进行融合训练，这样在保障海量数据基础的同时，还能够一定程度上保障数据质量。另外，根据对训练数据的调用和处理时效，可以分为同步处理（实时处理）和异步处理两种方式，对应的业务主体也可以分为同步处理公司和异步处理公司。

②数据转换与编排

数据处理流程主要包括数据提取、数据转换和数据编排等。根据市场研究机构 Grand View Research 的统计，2021 年全球数据集成工具市场的规模约 105 亿美元，在未来十年这一数字将继续增长。根据数据处理方式划分，相关领域内的业务主体可以分为云端原生型公司和本地部署型公司。

③数据标注与管理

数据标注与管理是数据训练的重要环节，为了确保模型训练质量，有必要对训练数据进行标注，由此，产业分工进一步细化，出现了专门从事数据标注的公司，根据业务拓展规模大小，可以分为基础型公司和扩张型公司。Grand View

Research的统计数据显示，2021年全球数据标注市场规模约为16.7亿美元，在未来十年的年复合增长率将达到25%。

④数据治理与合规

随着计算机电子技术和人工智能技术的发展，数字经济时代将加速到来，数据将成为重要的生产资料。为了避免因数据滥用导致人们的权益受到侵害，数据处理主体所管理的数据资产必须符合相关质量规范，对数据的应用行为也要受到法律约束。研究显示，全球数据治理市场规模在未来几年将继续扩大，数据管理分工也更加专业化、精细化。根据数据服务交付模式，数据处理主体可以分为定制型公司和工具型公司。

03 产业中游：AIGC 算法模型

算法是一种用系统的方法描述解决问题的策略机制，或实现特定功能的有序指令和步骤。在AIGC领域，算法是模型的基础，算法不仅要解决模型训练的问题，还要解决数据输入与输出问题，即多模态转化问题，使模型真正具备内容自主生成功能。算法模型是AIGC产品性能的关键技术支持，同时也是AIGC产业发展的重要动力。

（1）基于大模型的 AIGC 工作原理

AIGC模型在不同研发阶段的工作原理如下：

①模型训练

模型训练主要涉及两方面内容：

- 一是来自不同领域、不同来源、不同类型的训练数据集。例如电子商务、医疗保健、艺术创作等领域；来源主要以社交网络中的公共数据资源为主，其次是付费或有版权的数据库资源；数据类型则涵盖文本、图像、音视频等。
- 二是能够支撑大量模型训练的算力资源，包括超级计算机或云计算平台等。

②模型选择、调试和优化

模型的选择、调试和优化可能是与模型训练同时进行的：

- 一是选择性能较好的算法模型，AIGC领域通常选择循环神经网络、卷积神经网络和变压器网络等深度学习模型；
- 二是通过优化算法来提高数据处理效率和模型性能，并改善训练方式，例如随机梯度下降法(Stochastic Gradient Descent)、小批量梯度下降法(Mini-Batch Gradient Descent)或Adam(Adaptive Moment Estimation)优化算法等。

③模型部署

模型训练和调试完毕后，就可以将模型部署到生产环境中。通常，由于AIGC模型在处理数据时会进行大量计算，因此需要为模型配备高性能的计算平台。缓解算力压力可以从软件和硬件两方面着手：

- 软件方面可以使用模型压缩技术，即采用低精度的计算方法或通过减少模型参数来减小模型的计算量；
- 硬件方面可以使用TPU（张量处理器）或GPU（图形处理器）等设施来加快计算速度。

④模型应用

模型只有真正投入实际场景的应用中，才能够发挥其价值。AIGC的应用场景非常广泛，包括图像识别、人脸识别、机器翻译、内容生成、自然语言处理等。另外，AIGC技术可以与其他智能技术融合应用，例如智能财务活动中的任务处理、与区块链及物联网融合使用等，AIGC应用不仅能够成为人类强大的辅助工具，还将引起产业、市场的深刻变革，改变人类的生产生活方式。

总之，AIGC算法模型从训练、优化到部署应用，都离不开人类脑力劳动的支持，而更好地服务于人类社会是其根本目标。在未来，AIGC掀起的人工智能浪潮将进一步推动算力、大模型、内容创造等数字化产业的发展，赋予信息时代新的内涵和生命力。

（2）参与算法模型研究的主体机构

参与算法模型研究的主体主要包括人工智能实验室、企业研究院和开源社区等，如图 5-3 所示。

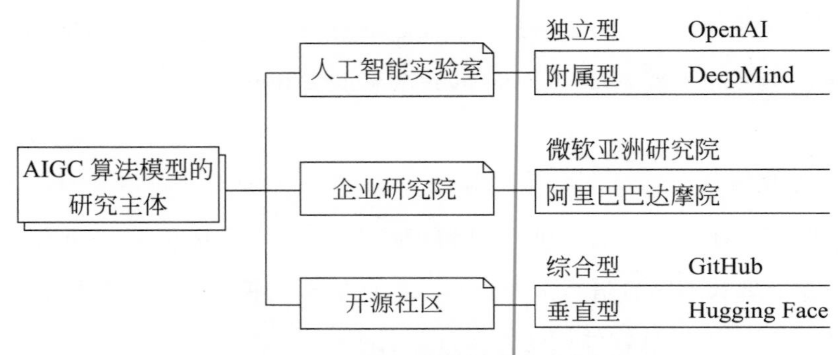

图 5-3　AIGC 算法模型的研究主体

①人工智能实验室

人工智能实验室通常由领域内的头部企业设立，根据投资所属关系，主要可以分为独立型实验室和附属型实验室。其主要任务是研究、推动AI算法模型的发展，以使该模型在实际应用中创造价值。

②企业研究院

例如阿里巴巴、微软等大型集团公司凭借其雄厚的技术、资金实力，设立专注于前沿技术研究的大型研究院，研究院下细分不同领域（如电子、IT、AI等）的实验室，研究院团队也会与科研机构、高校等合作，以促进科技发展，提升公司技术实力。

③开源社区

开源社区通常是由业内专业人士或同好者组织的、不以营利为目的的学习交流和成果共享平台。AIGC在2022年后迅猛发展，这就离不开OpenAI团队（创立之初属于非营利性质）开源的深度学习模型CLIP和开源团队Stability AI研发的Stable Diffusion模型。模型代码开源后，其他技术团队才有可能在其基础上

“接力”实现技术突破。而根据覆盖领域的深度和广度，开源社区可以分为综合型和垂直型两大类。

04 产业下游：AIGC 应用场景

优秀模型算法被研发出来后，需要实现应用落地，才真正具有了实际价值和意义，而AIGC的产业化发展体现了相关学习模型的价值所在。AIGC的产业化发展目前主要涉及文本处理、图片处理、音频处理和视频处理四大应用场景，如图5-4所示。

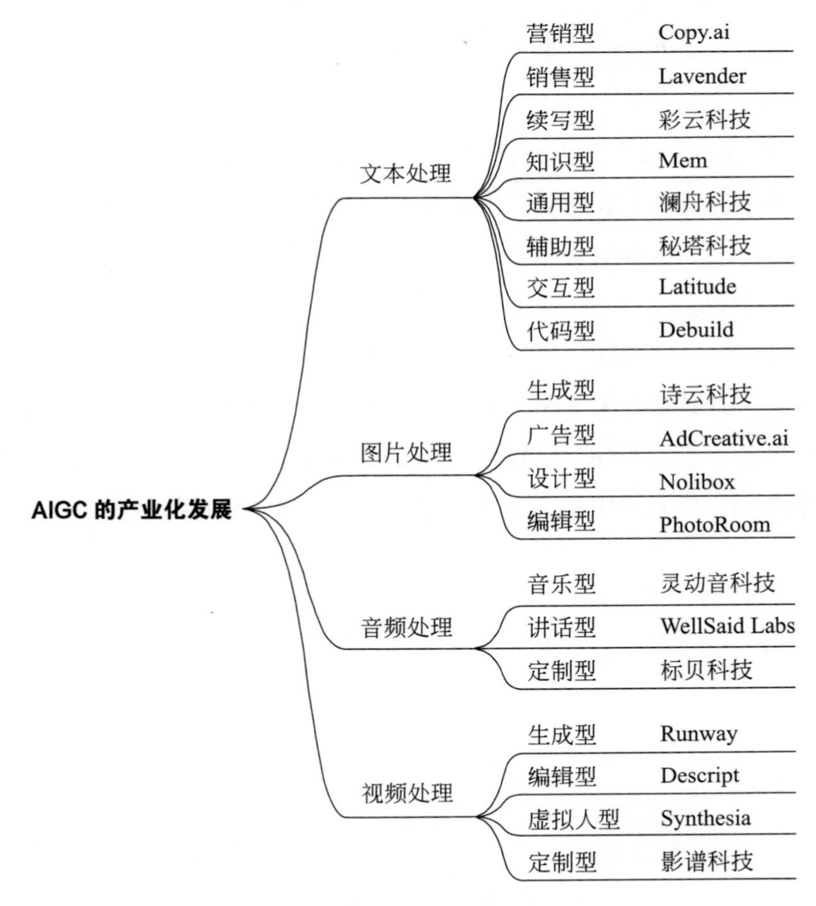

图 5-4 AIGC 的产业化发展

①文本处理

目前，文本处理是AIGC相关技术应用最为成熟的场景，同时也是商业化程度最高的场景。许多科技公司都参与到AIGC文本处理软件的研发中，积极探索可行的商业化模式。文本处理涵盖了多种任务类型，包括商业营销文案撰写、文学创作、知识问答、客服交互、代码编写、辅助编辑润色等。

②图片处理

图片是社交网络中最广泛的信息载体之一，但其技术门槛比文字更高。随着相关学习模型的不断迭代和优化，AIGC应用也可以创作出高质量的作品，目前一部分AI绘画应用已经显示出了巨大的价值创造潜力，其应用场景主要体现在艺术品或广告海报创作、原画设计、辅助图片编辑等。

③音频处理

在该条目下主要介绍语音合成相关应用，目前，根据文字生成语音已经有了不少应用，一些公司正在尝试往语音生成语音的方向进行技术研发。音频处理任务主要可以分为交流会话、音乐创作、个性化定制三类。

④视频处理

随着短视频创作浪潮的汹涌袭来，视频成为互联网平台最主流的内容消费形态之一。在AIGC的风潮中，AI图片处理技术的突破为AI视频处理提供了思路，AI视频创作成为AIGC领域的新动向，但鉴于技术难度较大，整体进展缓慢。目前，相关研发主要集中在AI视频生成、辅助编辑、虚拟数字人领域。

第6章

AI大模型：国内科技巨头的战略布局

近年来，我国人工智能市场的规模越来越大，互联网数据中心（IDC）统计数据显示，2021年我国人工智能软件及应用市场规模已达51亿美元，随着人工智能市场的持续扩张，到2026年，我国的人工智能软件及应用市场规模将增长至211亿美元。人工智能的发展离不开数据、算法和算力的支持。其中，数据是人工智能发展的基础，就目前来看，我国的数据规模和数据增长速度均位列世界首位。IDC统计数据显示，2021年，我国的数据规模已达18.51ZB，随着数据量快速增长，到2026年，我国的数据规模将达到56.16ZB，复合年增长率（Compound Annual Growth Rate，CAGR）可达24.9%。这些都反映出我国的人工智能产业已经呈现良好的发展态势。

而提到人工智能，还有一个绕不开的话题——AI大模型。AI大模型，即“AI预训练大模型”，它能够在不断获取相关数据的基础上不间断地进行训练，从而获得在不同应用场景中的通用性。可以说，AI大模型在原有深度学习技术的基础上实现了进一步的突破。AI大模型的价值如图6-1所示。具体来说，大模型的应用能够大幅提高人工智能技术的通用性，为人工智能技术的广泛应用提供助力，有效推动人工智能从小众化走向普惠化。随着大模型与人工智能场景的融合逐渐深入，专业化的工具和平台也将为大模型在人工智能场景中的落地应用提供强有力的支撑。

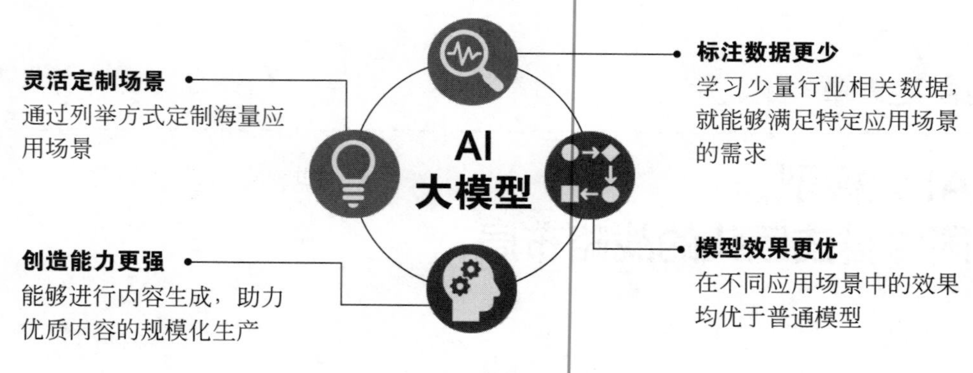

图 6-1　AI 大模型的价值

现阶段，行业内的领军企业通常会借助“模型+工具平台+生态”的模式来推动业务实现良性循环，并在此基础上加强数据积累，强化自身的市场竞争优势。就目前来看，我国的人工智能大模型厂商主要可分为三类，其中，第一类是百度、腾讯、阿里巴巴、华为、商汤等大型企业，第二类是智源研究院和中科院自动化所等专业的研究机构，第三类是芯片厂商。国内具有代表性的AI大模型研发企业如表6-1所示。

表 6-1　国内具有代表性的 AI 大模型研发企业

模型名称	研发企业
文心大模型	百度
盘古大模型	华为
混元大模型	腾讯
通义大模型	阿里巴巴
自研大模型	字节跳动
言犀大模型	京东
360GPT 大模型	360
日日新大模型	商汤
天工大模型	昆仑万维

01　华为：盘古大模型

下面我们首先对华为推出的盘古大模型进行详细分析。

2020年，华为开始在AI大模型领域布局，并不断加快大模型相关技术的应用和相关产品的研发，到2021年4月，华为正式上线盘古大模型。随着大模型体系日渐成熟，华为开发的盘古大模型已经可以划分出三个不同的阶段，分别是基础大模型阶段、行业大模型阶段和场景模型阶段，同时盘古大模型也已经能够利用全栈式AI解决方案实现与昇腾芯片、昇思语言、ModelArts平台的深度融合。2022年11月7日，华为在深圳举办华为全连接大会，并在大会上发布了盘古气象大模型、盘古矿山大模型、盘古OCR（Optical Character Recognition，光学字符识别）大模型，而华为云团队也通过对盘古大模型进行升级优化的方式强化了大模型的技术能力、扩大了大模型的服务范围。2023年4月8日，在中国人工智能学会主办的人工智能大模型技术高峰论坛上，华为云AI领域首席科学家、国际欧亚科学院院士田奇，再次对华为盘古系列大模型的研发与应用落地情况进行了介绍。盘古大模型包括NLP（自然语言处理）大模型、CV（机器视觉）大模型、科学计算大模型、多模态大模型、语音大模型等多个模型。其中，部分大模型已经投入不同的应用场景。

（1）ModelArts：大模型研发的平台支持

ModelArts是一种具有数据处理、算法开发、模型训练、AI应用管理和部署等多种能力的一站式平台，能够实现数据预处理、自动化模型生成、交互式智能标注、大规模分布式训练和“端—边—云”模型按需部署等多种功能，具体可分为强化学习、盘古大模型、天筹AI求解器、云原生Notebook、人工智能知识与实训专区等多个功能板块，能够为大模型的机器学习和深度学习提供数据和技术层面的支持，进而助力AI开发人员高效完成模型构建和模型部署工作，同时也能实现对整个工作流程中的AI工作流的全方位管理。

（2）基础大模型：将Transformer应用于各模态

①盘古语音语义大模型

Transformer能够应用于不同模态的大模型，同时也是盘古语音语义大模型的重要组成部分。具体来说，盘古语音语义大模型的语音部分在网络结构中融合了卷积和Transformer，能够借助回归语言模型来根据给定信息生成其他相关信息，进而实现预测功能，同时也是现阶段最大的中文语音模型之一，现阶段的参数量已经高达4亿；盘古语音语义大模型的语义部分在基础架构中融合了Transformer，能够通过MLM（Masked Language Model，掩码语言模型）训练实现模型预训练，同时语义部分也是业内第一个参数规模达到千亿的中文大模型。

除此之外，盘古语音语义大模型中的音频编码器还具有发现音频中的错误并搜寻正确的音频片段的能力，能够精准发现模型在预训练时被采样的音频片段，并帮助模型搜寻到正确的音频片段进行补充。

②盘古视觉大模型

盘古视觉大模型具有参数规模大、小样本学习能力强等特点，最大参数量高达30亿，且具有判别和生成能力，同时还具有卷积网络和Transformer架构，能够根据实际需求进行科学组合和合理分配，也能在等级化语义聚集的基础上实现对比度自监督学习功能，进而有效避免噪声的干扰，充分确保样本选取的准确性和高效性。

③盘古多模态大模型

盘古多模态大模型具有计算精度高、独立性强和训练效率高等特点，既能通过LOUPE算法预训练来确保自身能精准完成各项下游任务，也能借助双塔架构和神经网络来抽取、交互和融合模型中各个模态的信息。

具体来说，盘古多模态大模型可以借助多种神经网络来抽取图像和文本信息，并将同批次的信息录入判别器中，以便整合配对的跨模态特征、分离不相配的跨模态特征。不仅如此，盘古多模态大模型还可以通过大数据迭代的方式来将图像和文本对齐到同一空间中，以便各个图像和文本的编码器能够分别完成与自身相对应的下游任务，同时也能大幅提高各个图像和文本编码器之间的协同性，以便高效完成跨模态理解类的下游任务。

02 百度：文心大模型

百度是国内现阶段在AI产业链投入最多的科技企业之一，其搭建的文心大模型体系涵盖基础大模型、任务大模型、行业大模型三级体系，是业界规模最大的产业大模型体系之一。按照模型的主要任务功能，又可以分为NLP（自然语言处理）大模型、CV（计算机视觉）大模型、跨模态大模型、行业大模型、生物计算大模型等。同时，在底层大模型的基础上，百度向用户提供文心大模型API、飞桨BML、文心一言、文心一格等应用服务。

作为国内人工智能领域的领军企业，2019年百度就已经开始在AI预训练模型技术领域发力。2021年12月，百度“鹏城-百度·文心”正式发布，这也是全球首个知识增强千亿大模型。2022年5月20日，在WAVE SUMMIT 2022深度学习开发者峰会上，百度公布了其飞桨文心大模型最新全景图。目前，文心全景图已经升级，如表6-2所示。

表6-2 文心全景图

<table>
<tr><td rowspan="3">工具与平台</td><td colspan="2">EasyDL-大模型</td><td colspan="3">BML-大模型</td><td colspan="4">大模型API</td></tr>
<tr><td colspan="9">大模型套件</td></tr>
<tr><td colspan="2">数据标注与处理</td><td>大模型精调</td><td colspan="2">大模型压缩</td><td colspan="2">高性能部署</td><td colspan="2">场景化工具</td></tr>
<tr><td rowspan="9">文心大模型</td><td colspan="9">行业大模型</td></tr>
<tr><td>国网-百度·文心</td><td>浦发-百度·文心</td><td>航天-百度·文心</td><td colspan="4">人民网-百度·文心</td><td>冰城-百度·文心</td><td>电影频道-百度·文心</td></tr>
<tr><td>深燃-百度·文心</td><td>吉利-百度·文心</td><td>泰康-百度·文心</td><td colspan="4">TCL-百度·文心</td><td colspan="2">辞海-百度·文心</td></tr>
<tr><td colspan="3">自然语言处理</td><td colspan="2">视觉</td><td colspan="2">跨模态</td><td colspan="2">生物计算</td></tr>
<tr><td colspan="3">文心一言 ERNIE Bot</td><td colspan="2">OCR 图像表征学习 VIMER-StrucTexT</td><td colspan="2">文档智能 ERNIE-Layout</td><td colspan="2">化合物表征学习 HelixGEM</td></tr>
<tr><td>对话 PLATO</td><td colspan="2">搜索 ERNIE-Search</td><td colspan="2" rowspan="2">多任务视觉表征学习 VIMER-UFO</td><td colspan="2" rowspan="2">文图生成 ERNIE-ViLG</td><td colspan="2" rowspan="2">蛋白质结构预测 HelixFold</td></tr>
<tr><td>跨语言 ERNIE-M</td><td colspan="2">代码 ERNIE-Code</td></tr>
<tr><td colspan="3">语言理解与生成 ERNIE 3.0</td><td rowspan="2">视觉处理多任务学习 VIMER-TCIR</td><td rowspan="2">自监督视觉表征学习 VIMER-CAE</td><td rowspan="2">视觉-语言 ERNIE-ViL</td><td rowspan="2">语音-语言 ERNIE-SAT</td><td colspan="2" rowspan="2">单序列蛋白质结构预测 HelixFold-Single</td></tr>
<tr><td>ERNIE 3.0 Zeus</td><td colspan="2">鹏城-百度·文心</td></tr>
</table>

（1）文心大模型：模型 + 平台 + 产品

从产品能力方面来看，百度可以综合运用文心大模型和飞桨深度学习平台创建大量人工智能模型，并构建深度学习生态，进一步扩大市场规模，同时也能利用这些人工智能模型为各行各业的企业提供人工智能服务，充分满足市场需求；从应用能力方面来看，百度已经将文心大模型应用到金融、能源、制造、城市、传媒和互联网等多个领域中，且已经取得了较好的应用成果；从生态能力方面来看，百度可以基于社区用户展开多方协调互动，与开发人员、行业用户和上下游产业进行正向互动。

百度研发的飞桨深度学习平台为其进一步开发文心大模型打下了坚实的基础。飞桨深度学习平台是我国第一个自主研发、功能丰富、开源开放的产业级深度学习平台，该平台融合了深度学习技术、推理框架、基础模型库、端到端开发套件、业务应用工具等多种技术和工具，能够为客户提供多样化的服务。

2022年11月30日，深度学习技术及应用国家工程研究中心在线上召开WAVE SUMMIT 2022深度学习开发者峰会，百度飞桨在峰会上发布了自身取得的生态成果。飞桨公布的数据显示，截至2022年11月，飞桨平台已经凝聚了535万开发者，且为20万家企事业单位提供相关服务，并创建了67万个模型。飞桨深度学习平台中具有大量模型，能够为各行各业的企事业单位提供处理大模型研发和大模型部署问题的工具，同时飞桨深度学习平台的模型库中的文心大模型能够充分运用各类产业级知识来丰富和优化大模型体系，并与飞桨共享生态，提高工具平台、应用程序编程接口（Application Programming Interface，API）和创意社区助力大模型等工具的应用效率和应用质量，从而充分发挥各类相关工具的作用。

文心大模型是一种具有效果好、通用性强和泛化能力强等优势特性的产业级知识增强大模型，其产品能力、应用能力和生态能力均远高于行业平均水平，从整体能力上看，文心大模型已经进入整个市场的第一梯队。

2019年3月，百度公开了我国第一个正式开放的预训练模型ERNIE1.0，并利用文心大模型搭建起包含基础大模型、任务大模型和行业大模型在内的三级模型体系。其中，基础大模型可分为跨模态大模型、计算机视觉（CV）大模型、自然语言处理（NLP）大模型等多种类型，一般来说，这些大模型需要融合各类先进技术，并进一步提高通用性和泛化性程度；任务大模型具有对话、搜索、信息提取和生物计算等功能，能够完成多种典型任务；行业大模型主要有11个，涉及的行业数量高达8个。

根据IDC发布的大模型评估框架V1.0和《2022中国大模型发展白皮书——元能力引擎筑基智能底座》中的相关标准对百度文心大模型进行打分评估可得，百度文心大模型的产品能力和生态能力均已达到L4水平，应用能力已经达到L3水平。

（2）基础大模型：聚焦技术挑战、通用性、泛化性探索

文心基础大模型覆盖了NLP、CV、跨模态三大方向。

①文心NLP大模型

ERNIE3.0能够借助知识增强大模型、大量文本信息库和海量算力来构建千亿级的多范式统一预训练框架，并在该框架中融入大规模知识图谱，进而实现语言理解和文学创作等功能，与此同时，ERNIE3.0的创作范围在不断扩大，创作形式也逐渐趋向多样化。2021年12月8日，百度与鹏城自然语言处理联合实验室联合召开发布会，并在发布会上公开了“鹏城-百度·文心”，这是全世界最大的中文单体模型，也是世界上第一个知识增强千亿大模型。

②文心CV大模型

包括多任务视觉表征学习模型VIMER-UFO2.0、自监督视觉表征学习大模型VIMER-CAE和端到端文档OCR图像表征学习模型VIMER-StrucTexT2.0等多种类型，这些大模型融合了图文学习引导技术、自监督算法、表征预训练算法等先进技术和算法，能够为企业和开发者提供强大的视觉基础模型服务。

③文心跨模态大模型

主要包括ERNIE-ViLG2.0文图生成大模型、ERNIE-ViL视觉-语言大模型、ERNIE-Layout文档智能大模型等模型。

（3）任务大模型：面向多个经典下游任务推出的模型

任务大模型是一种与下游任务相适配的模型，可分为对话大模型PLATO、信息抽取大模型ERNIE-UIE、代码生成大模型ERNIE-Code、生物计算大模型等多种类型，且能够针对语音搜索、图文搜索、图像理解等特定的下游任务向用户提供相应的服务。

①对话大模型PLATO

一种在隐变量的基础上构建的生成式开放域对话大模型，具有十分强大的开放域对话能力，能够像人一样完成多轮流畅对话。

②信息抽取大模型ERNIE-UIE

一种具有信息抽取功能的大模型，能够在不经过训练的情况下抽取目标并完成各种不同的开放抽取任务，同时也能借助自然语言实现自定义抽取功能，帮助用户从文本中采集所需信息。对用户来说，信息抽取大模型ERNIE-UIE的落地应用为其抽取所需信息提供了极大的方便。

③代码生成大模型ERNIE-Code

一种可以通过利用代码和文本数据进行预训练的方式来生成代码的代码生成大模型，能够利用联合学习来强化语义理解能力和代码生成能力，进而理解并生成各种不同的自然语言和编程语言。

④生物计算大模型

一种用于生物医药行业的预训练模型，可分为化合物表征学习模型HelixGEM-2、蛋白质结构预测模型HelixFold、单序列蛋白质结构预测模型HelixFold-Single等多种类型，能够实现对化合物分子和蛋白质分子等物质的相关数据的精准高效计算。

（4）行业大模型：深入产业落地的重要举措

行业大模型是百度与行业中的领军企业和相关机构共同开发的大模型，该模型中融合了海量行业数据、专家经验和专业知识，具有优化技术应用效果、促进产品创新、革新生产流程、减少成本支出、提高工作效率等作用。为了推动行业大模型产业落地，可以采取以下措施：

a. 在使用NLP大模型的基础上与国网展开合作，加大对电力人工智能联合大模型的研发力度，并进一步提高电力专用模型的精度，为大模型研发提供方便，降低大模型研发门槛，进而合理规划算力、数据和技术等资源，提高资源的利用率和利用效率。

b. 在使用NLP大模型的基础上加强与人民网的合作，并利用来自舆情中心的行业知识来对传媒行业大模型进行知识增强预训练，进而帮助传媒行业在减少标注数据使用量的情况下进一步优化舆情分析、摘要生成、新闻内容审核分类等NLP相关任务的最终效果。

c. 在使用CV大模型的基础上与TCL科技集团股份有限公司展开合作，在一定程度上提高TCL产线监测的平均精度值（mean Average Precision, mAP）指标，并大幅降低训练样本的使用量，从而实现对产线指标和产线效果的优化，同时也能大幅提升新产线的冷启动效率，达到缩短产线上线开发周期的目的。

（5）应用：平台及产品面向 B 端、C 端齐发力

随着B端和C端的应用需求逐渐走向多样化，大模型产业化程度越来越高，应用场景日渐丰富，在B端和C端的落地速度也大幅提升。

- 对开发人员来说，文心大模型的落地应用离不开大模型套件 ERNIEKit 和 AI 开发平台。其中，大模型套件 ERNIEKit 具有大模型精调能力、大模型压缩能力、高性能部署能力、数据标注与处理能力和场景化工具应用能力，能够为 NLP 工程师的工作提供方便；AI 开发平台由零门槛 AI 开放平台 EasyDL 和全功能 AI 开发平台 BML 两部分构成，能够为 AI 算法的开发人员提供多样化的服务。
- 对下游应用来说，文心大模型主要包括 NLP 大模型 ERNIE3.0、跨模态大模型 ERNIE-ViLG 和对话大模型 PLATO，能够提供阅读理解、情感分析等多种服务，同时还开放了 API，为程序数据的调用提供了方便。

- 对用户来说，文心大模型的产品化创新成果文心一格和文心大模型与百度搜索联合开发的文心百中都能够为其提供人工智能相关服务。

03 腾讯：混元大模型

腾讯作为头部互联网科技企业，也较早开始了AI大模型的研发。2022年12月，腾讯推出国内首个低成本、可落地的NLP万亿大模型“混元”AI大模型，该模型完整覆盖NLP、CV、多模态理解等基础模型或领域，再一次登顶中文自然语言理解最权威测评榜单之一CLUE（Chinese Language Understanding Evaluation）。随着训练模型的迭代升级，将持续推进文本、图像等AIGC内容生成领域的实际应用。

2022年，腾讯也积极追赶AIGC井喷式发展的热潮，QQ影像中心团队于5月份推出的基于AI绘画技术的“AI恋爱专属画”活动在“QQ小世界”走红，用户可以通过输入关于主体描述和风格描述的提示词，生成一幅唯美而精致的画作。同年12月，“异次元的我”动漫形象生成器上线，用户可以将上传的人物形象照片转化为“二次元”画风。这也是一次较为成功的AIGC应用实践的探索，它离不开人脸识别算法和AIGC相关模型的支持。

（1）腾讯混元大模型

2022年4月，腾讯对外公开了混元大模型的研发情况。在预训练大模型领域，腾讯混元大模型主要涉及NLP、CV、多模态等基础模型和各个行业、各个领域的任务模型。

- HunYuan-NLP-1T 是参数量级高达万亿级别的 NLP 预训练模型，能够在只用 256 卡的情况下用一天的时间完成万亿参数训练，同时也凭借强大的算力和低成本的高速网络在我国最权威的自然语言理解任务榜单 CLUE1.1 总排行榜中登顶；

- HunYuan-vcr是一种在多模态理解领域的国际权威榜单视觉常识推理（Visual Commonsense Reasoning，VCR）中居于首位的CV大模型；
- HunYuan_tvr指混元跨模态视频检索AI大模型，该模型中融合了计算机视觉、自然语言处理等多种技术，且能够实现多模态内容理解、文案生成等多种功能。

（2）太极机器学习平台

太极机器学习平台是腾讯自主研发的一站式机器学习生态服务平台，该平台融合了多种先进技术，具有较为强大的模型训练硬件加速能力，能够为混元大模型的训练提供底层支持，并帮助AI工程师高效完成数据预处理、模型训练、模型评估、模型服务等工作。

- 太极AngelPTM单机可容纳的模型高达55B，只用20个节点就能够容纳万亿规模模型，从而节约训练资源，并达到提高训练速度的目的；
- 太极-HCF ToolKit是一种能够支撑万亿级MoE预训练模型的分布式推理和大模型压缩组件，能够提供模型蒸馏、压缩量化和模型加速方面的各类服务；
- 太极-HCF distributed是一种兼具分布式能力和单卡推理优化能力的大模型分布式推理组件，能够实现分布式高效推理，将HunYuan-NLP大模型完成推理所需的A100（4G）卡减少到96张，并达到节约设备资源的效果；
- 太极-SNIP是一种低本高效的大模型压缩组件，能够优化蒸馏框架和压缩加速算法，提高迭代速度，优化大模型压缩效果，降低大模型压缩成本。

（3）混元大模型的商业应用

混元大模型为腾讯的多种产品和业务的发展提供了强有力的支持，能够助力腾讯在减少成本支出的同时提高效率和效益，其中，混元大模型中的广告类应用展现出了良好的应用效果。

具体来说，混元大模型已经被应用到微信、QQ、腾讯游戏、腾讯广告和腾讯云等产品和业务当中（如图6-2所示），并凭借较强的多模态理解能力为这些产品和业务提供广告内容理解、行业特征挖掘和文案创意生成等服务，助力这些产品和业务实现降本提效，同时也为腾讯广告进一步提高商品交易总额（Gross Merchandise Volume，GMV）提供支持，彰显出大模型在发展和应用方面的巨大潜能。

<table>
<tr><th colspan="3">混元大模型</th></tr>
<tr><td rowspan="6">应用层</td><td colspan="2">广告</td></tr>
<tr><td colspan="2">搜索</td></tr>
<tr><td colspan="2">推荐</td></tr>
<tr><td colspan="2">游戏</td></tr>
<tr><td colspan="2">翻译</td></tr>
<tr><td colspan="2">对话</td></tr>
<tr><td rowspan="4">模型层</td><td rowspan="4">行业、领域、任务模型</td><td>NLP 大模型</td></tr>
<tr><td>CV 大模型</td></tr>
<tr><td>多模态大模型</td></tr>
<tr><td>文生图大模型</td></tr>
<tr><td rowspan="2">数据层</td><td colspan="2">多源训练数据脱敏、清洗、平台化</td></tr>
<tr><td colspan="2">测评数据和标准共建</td></tr>
<tr><td rowspan="3">太极机器学习平台</td><td colspan="2">模型训练 AngelPTM</td></tr>
<tr><td colspan="2">模型推理及压缩 HCF ToolKit</td></tr>
<tr><td colspan="2">产品套件</td></tr>
</table>

图 6-2　混元大模型的商业应用

混元大模型和腾讯广告精排大模型能够借助太极机器学习平台对广告制作的全流程进行优化处理，强化自身在广告理解、用户理解、广告匹配和用户匹配方面的能力，提高匹配效率和转化效率，并充分确保理解和转化的准确性。

混元大模型具有较为强大的生成能力，能够实现图生视频、文案助手、文生视频等功能，可以利用文案或静态的图片自动生成相应的视频广告，并自动为广告拟定符合广告内容的标题，进而达到优化广告效果和缩短广告制作周期的目的。

04　阿里巴巴：通义大模型

2022年9月2日，阿里巴巴达摩院召开世界人工智能大会“大规模预训练模型”主题论坛，并在该论坛上公开发布阿里巴巴最新研发的“通义”大模型系列，同时表示通义大模型将会向世界范围内的所有开发人员提供相关服务。

阿里巴巴达摩院在人工智能统一底座的基础上建立了兼具通用性和专业性的层次化人工智能体系。具体来说，通义大模型体系由统一底座层、通用模型层和行业模型层三部分组成（如图6-3所示），其中统一底座层中的单一M6–OFA模型能够在不借助任何新增结构的前提下同时处理文生图等30多种跨模态任务；通用模型层中有NLP模型“通义–AliceMind”、CV模型“通义–视觉”和多模态模型“通义–M6”三种大模型，都具有多种任务的大一统能力；行业模型层能够利用多种算法提高在语言理解、视频处理、视觉问答和视觉算数等方面的能力，并在电商、医疗、娱乐、设计、金融、工业和制造业等多个行业和领域中发挥作用。

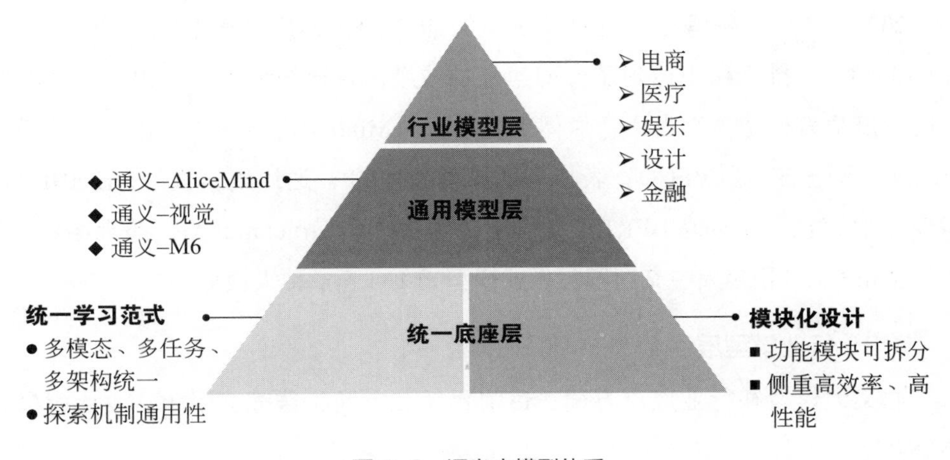

图6-3　通义大模型体系

（1）统一底座层

通义大模型的统一底座层有模态表示和任务表示的功能，且各个模型具有结构统一、架构统一、模态统一和任务统一等特点，能够在统一学习范式OFA的支撑下同时推进多种任务。

通义大模型底座层中的单一模型能够同时推进多项单模态任务和跨模态任务，如文生图、文档摘要、视觉蕴含、视觉定位和图像描述等，而经过优化后的单一模型则具备更强的任务处理能力，能够同时处理超过30种跨模态任务；通义大模型底座层中的各个模型均使用Transformer架构，架构的统一为模型的预训练和调整提供了方便，通义大模型可以在不新增模型层的情况下直接处理不同的任务；通义大模型底座层中的各个模型在模态上具有统一性，因此通义大模型可以利用相同的框架和方式来对各项单模态任务和多模态任务进行训练；除此之外，通义大模型底座层的各个模型还能够用相同的序列来表达各项单模态任务和多模态任务，且同类任务的输入具有高度相似的特点。

（2）通用模型层

2020年6月，通义-M6的参数基础规模为3亿，随着大模型的快速发展，到2021年10月，通义-M6的参数基础规模已高达10万亿，成为世界范围内最大的预训练模型，到2022年1月，通义-M6已经成为业界第一个通用的统一大模型。

2021年3月，阿里巴巴公开其研发的通义-AliceMind大模型，该模型已经在CLUE1.1总排行榜中达到了位列第二的成绩，且已经纳入阿里巴巴达摩院开源的深度语言模型体系当中。具体来说，AliceMind生态体系主要由生成式模型PALM、多语言模型VECO、表格理解模型SDCUP、通用语言模型StructBERT、多模态语言模型StructVBERT、文档图像理解模型StructuralLM、超大图像-文本模型mPLUG和超大中文理解与生成模型PLUG等多种大模型构成。

（3）行业模型层

通义大模型在行业应用方面，目前已经在电商、医疗、娱乐、设计和金融领域有了初步应用。

第 7 章

AIGC 产业的发展机遇、挑战与未来趋势

01　数字赋能：AI 商业应用的新方向

在数字经济发展的大背景下，AIGC作为人工智能领域率先进入商业化落地应用阶段的技术，在未来有着巨大的发展潜力。以下将对其发展机遇进行简要分析。

（1）大模型的广泛应用

在AI技术的发展路径中，“通用化”与“专业化”似乎是两个相互补充的发展方向，我们一般认为：“通用化”大模型代表着人类对未来的畅想，而“专业化”大模型的部署可以带动相关领域的变革。

21世纪初期，我们逐渐进入了“通用化”大模型快速发展的时代，多种通用模型理论的提出和相关模型的迭代，为人工智能应用的探索奠定了基调，目前逐渐形成了“预训练大模型+下游任务微调”的分工模式，先集中资源（包括训练数据、资金、算力成本等）使大模型具备一定程度的通用基础能力，再将其迁移到具体场景中，根据应用需求进行优化完善，从而使通用模型的能力大大拓展。

大模型的“大”，不仅体现在参数规模上，还体现在训练数据量上。在以人工标注数据作为主要训练数据的时期，要训练出成熟的大模型，必然带来高昂的

人工成本。而随着深度学习算法的应用，机器学习不再完全依赖于人工标注数据，学习效率大大提升。同时，互联网中海量的数据资源为模型训练提供了重要支撑。

大模型的训练和技术迭代，成为AIGC发展的重要动力源泉。在未来，它有可能探索出更多的应用场景，促使人工智能赋能人类社会生活的方方面面。

（2）全新的仿人模式

在人工智能产业兴起之初，让机器模仿人的思维方式是机器学习的基本思路，它指导了早期的AI算法模型的构建活动。随着计算机理论创新和算法模型的突破，AI从起初微观上的机械模仿，到专门知识输入，再到宏观上认知模式的借鉴，其技术哲学也在不断发展。

“符号主义”是在AI最初发展的二十年间占据主导地位的流派之一，其主要思想是认知就是对有意义的标识符号进行推导计算和逆向演绎的过程，主张以具有公理性的逻辑体系搭建算法模型。这一理论虽然取得了一定成果，但人类的认知行为是极为复杂的，有时候很难找到其中的逻辑。后来这一理论逐渐被“联结主义”所取代。该流派主张模仿人类大脑神经元的链接机制来构建数学模型，从而赋予AI认知能力，这一理论在发展初期缺乏成熟的实践条件，但今天蓬勃发展的人工神经网络验证了其可行性。

目前，各种AIGC产品的上线意味着AI从技术研究阶段真正进入了实际应用阶段，这些产品的推广，将进一步激发出多样化的应用需求，从而为AI应用带来更多的可能性。

02 技术治理：距离通用 AI 还有多远

从技术上看，AI文字生成、AI语音生成和AI图像生成方面的技术和学习模型相对成熟，AI文字交互已经一定程度上实现了商业化落地，AI视频生成和AI三维建模等技术基本处于研发阶段。不过，即使在AI文字生成和AI图像生成等领域，作品的质量也难以确保，如AI作画仍无法准确把握某些细节。另外，在不同平台输入相同关键词，不同平台输出的作品质量和内容差异可能较大。

AIGC虽然可以产生作品，但AI系统本身是否能够理解作品的含义，并在此基础上推理、判断、决策，实现与人类的深度交互，还不得而知。现阶段的测试表明，AIGC应用解读文字含义的能力有所欠缺，无法完全将文本和图像正确关联。

举例来说，在Stable Diffusion应用中输入“画一个人，并把拿东西的部分变成紫色”的文字描述时，九次测试中只有一次成功完成。其中AI模型未能认识到“拿东西”的应该是“双手”，我们可以说，这一系统还不了解图像所处的背景世界。在另一个测试中，有用户输入关键词“骑着人类的马”和“骑着马的人类”后，AIGC应用难以准确生成对应的图像，这可能是AI的文字解读机制有问题，也可能是文字与图像的匹配有问题。

最终创作成果的差异，受到AIGC应用的底层技术、学习模型框架、训练数据等多种因素的影响。从其工作原理上来看，自然语言处理（NLP）或自然语言理解（NLU）模型在识读文字时，可能存在语句前后位置的误差，导致最终输出结果错误，同时还会受到不同语言的影响。

就“文本—图像”模态转化来说，目前所运用的深度学习模型主要是OpenAI开源的CLIP模型，它将超过40亿个“文本—图像”对作为训练数据，但这些数据大多来自英语语言环境，并不能完全适用于其他语言。另外，不同生成器使用的生成算法都不相同，例如Disco Diffusion或Midjourney。最后，训练数据集的质量、风格偏向等都会对生成内容产生影响。

尽管在全球科技巨头的带动作用下，AIGC已经迎来了产业化的曙光，现阶段的AIGC应用已经能够满足一部分应用需求，但要使AI成为人们想象中的智能化工具，还需要更多的发展时间，相关模型还有待改进和优化。例如，其输出内容还可能存在一些基础性错误或逻辑错误，这会使其应用性能大打折扣。对于企业来说，不能够完全依赖和信任AIGC的输出内容，还需要重视人员审核的作用，避免因AI失误为企业带来风险和损失。

AIGC算法模型不可避免地会受到研发人员价值观念和训练数据的影响，即所谓的“算法偏见”。如果用于模型深度学习的数据集本身存在问题（例如伦理道德或意识形态风险），而相关研发人员又未加以干预或进行了错误干预，那么AI输出的内容也可能存在类似风险，这对产品本身来说是不利的。因此，产品研发人员应通过技术手段尽力避免有害内容的产生。

版权和个人隐私保护也是AIGC产业需要解决的问题。版权方面，由于AIGC产品本身具有营利属性，支撑其生成内容的基础即训练数据集的来源是否合规？其输出内容的版权归属如何界定？如果输出内容与某一作品高度相似，是否侵犯了该作品创作者的著作权？这些问题都有待探讨。个人隐私保护方面，来源于公共网络的数据集是否存在侵犯个人隐私的风险？用户在与AI交互的过程中，被AI采集的个人信息是否有足够的安全保障，这些信息去向如何？解决信息安全问题无疑是AIGC产业健康发展的重要前提。

由此看出，现阶段的AIGC应用对人类世界的理解有限，难以完全满足人类的需求，其算法模型还有待改进，距离实现通用人工智能还有很长的路要走。要实现AIGC技术真正商业化应用，还需要进一步优化迭代相关算法模型，从模型框架、内容生成方式、算力占用等方面进行改进；同时，还需要把控好训练数据质量，筛除一些不合规的、不恰当的训练数据。

03　知识产权：谁是真正的内容创作者

由于技术等方面因素的制约，以往人工智能更多地应用于海量数据分析、机械自动化控制等领域，而基本不具备完成诗词写作、绘画设计、编程设计等创造性活动的能力。但实际上，与2016年围棋机器人AlphaGo相比，AI绘画给人们带来的冲击更为明显，因为人们认为围棋有明确的规则，只需要精准计算即可运行；而现在，AI不仅学会了下棋，还能够写作、绘画，甚至产生出足以以假乱真的专业级别作品。AI创造活动的背后是真实的基于人类创造力所创造的作品，在未来AI是否会完全替代创作者，引发了人们的思考。

基于模型算法的进步和预训练模型的应用，模型的训练成本降低，行业的准入门槛也大大降低，人工智能的应用不再止步于实验室，而已经切实地进入到人们的日常生活中。AIGC大规模商业化的脚步加快，除了引起内容创作者的担忧，也冲击了大量以版权作为营收基础的企业。

从作品角度来说，AIGC生成的作品是否真正具备“作品”属性，人们也持不同意见。在我国的《著作权法》和《著作权法实施条例》中，作品是文学、艺术和科学领域内具有独创性并能以某种有形形式复制的智力成果，而AIGC的创作依赖于大量真正的“作品”，但同时因其算法的随机性和主导性，难以界定所生成作品是独创还是侵犯了真正“作品”的权益。

从创作者角度来说，AIGC是否能够被称为“作者”尚存争议。根据我国的《著作权法》对作者的定义，作者只能是自然人、法人或者非法人组织[1]。因此，目前从法律层面上来说，AIGC不是法律所认可的权利主体，也不享有相关著作权。同时，对AIGC产生作品的版权或归属权也存在争议，作品是属于生成者、平台还是开源性质，还有待探讨。

另外，由于AI深度学习模型是以算法为主导抓取训练样本，而创作者在线上上传的作品无形中成为AIGC的训练素材，不利于创作者保护自身的知识产权。目前已有部分网站禁止上传AIGC作品，部分创作者和艺术家也宣布禁止AI学习其作品。

实际上，AIGC的输出内容必然会受到训练数据的影响。其版权（或著作权、所有权）主要在以下两个方面存在争议：一是所运用的海量训练数据的版权问题，例如AIGC绘画模型在没有征得数据集作者同意的情况下，运用其作品进行训练，创作出大量与该作者风格雷同的作品，并获取了经济利益，同时导致该作者作品价值下降，这是否算侵犯了该艺术家的权益？二是AIGC生成作品的版权归属问题，其版权属于数据集作者、生成作品的用户还是AIGC平台？

但从现阶段来看，业内更倾向于以下观点：由于AIGC生成作品过程是随机的，因此版权不属于数据集作者，而属于平台或AIGC作者，这自然引起了许多创作者的不满。同时，关于AIGC的法律法规还存在空白，AI从本质上来看只是

[1] 非法人组织：不具有法人资格，但是能够依法以自己的名义从事民事活动的组织。

一种工具，而法律的约束对象是人。随着AIGC产业的发展，相关法律将更为完善，更好地维护各方的利益。

AIGC作为一种革命性的内容生产方式，蕴含着巨大的发展潜力，在未来将深刻改变人们的生活。而AIGC的健康有序发展，离不开市场、监管部门、立法机构等各主体的支持，只有不断提高监管治理能力，完善法律法规，规范市场秩序，才能有效避免社会风险，促进AIGC的价值实现，助力数字经济快速发展。

04 价值伦理：算法背后有没有价值观

AI技术和其他许多新兴技术一样，在成为人们“司空见惯”的工具之前，都会面临伦理方面的质疑，甚至引起广泛的争议。而要使AIGC的产业化顺利进行并真正赋能人类的社会经济生活，首先需要重视并解决可能存在的伦理问题。

从本质上来说，AI机器人只是基于算法模型和训练数据输出符合正确逻辑的内容，但AI本身并不明白这些内容的确切含义，因此可能受到不良样本的影响而输出与人类道德伦理或正向价值观相悖的内容。

2016年微软曾发布一款名为“Tay”的智能聊天机器人，但不到24小时，“她”就被部分用户刻意“教导”成了一个集反犹太人、性别歧视、种族歧视于一身的“不良少女”而被迫下线。有了微软的前车之鉴，许多企业在应用开发的过程中采取了一系列措施，避免此类事件发生。例如提高训练数据质量，引入相关判别机制或限定条件，对模型进行调试等。针对AI被人恶意诱导的风险，甚至可以对诱导发起者进行追责。

如上文所说，AIGC所运用的训练数据并不都是高质量的。就拿AI图像创作模型来说，其训练数据集中可能含有“不适宜”的图像内容。例如部分用于AI训练的数据集中含有用户未公开的私人照片，或抓取了原本仅保存在医疗机构系统中病人就医的照片，这无疑侵犯了用户隐私，其他还包括含有色情、暴力、种族歧视等恶意内容的图像数据。这些数据集由于数据量巨大，难以进行有效分类和筛选，监管难度也较大。

此外，AIGC的价值伦理风险还体现在欺诈问题上，最直接的体现就是AI“换脸”、AI“变声”等应用场景。AI“换脸”主要是指AI将照片或视频中原有人物面部换成另一个人的脸，达到以假乱真的效果；AI“变声”则是将原有音视频中的人物声音替换成另一个人的声音。虽然这些功能的开发初衷是积极的，但不能排除被滥用的风险，例如不法分子利用该功能制作出虚假的图片、音频或视频实施诈骗，或将恶意伪造的信息兜售到地下市场，用于赌博、非法集资等犯罪行为。针对此类问题，需要继续探索行之有效的解决方案。

由于AIGC系统自身无法进行价值判断，一些平台正在通过一定的技术手段进行伦理价值方面的干预。例如DALL-E 2能够自动剔除不良内容数据，同时也无法根据姓名生成可以被识别的人脸，在一定程度上限制了有害作品的产生。另外，立法机构、政府也需要完善对图像数据的监管机制，并对用户的创作行为进行规范。

除了对AI进行正向引导以防止技术伦理问题的发生，还要制定能够及时响应突发事件的预案，包括对用户发出警告或紧急关停应用等。例如，赋予AIGC自检测能力，一是判断其输出的内容是否存在危害性，二是判断用户意图是否正当，如果发现存在危害，则停止服务或对用户提出警告，甚至自动报警。此外，还要完善相关法律法规，以约束用户行为，营造良好的AIGC发展环境。

05 未来方向：AIGC驱动新一轮科技浪潮

AIGC是继PGC、UGC之后的又一次内容创作方式的革新，它不仅满足了现代不断加快的社会生活节奏带来的高效率要求，还能够满足我们快速增长的多元化的内容需求。

百度CEO李彦宏认为：AIGC的发展会走过三个阶段，第一阶段是“助手阶段”，AIGC扮演人类助手的角色，辅助人类进行内容创作；第二阶段是“协作阶段”，AIGC成为较为成熟的数字人，与人类合作生产内容，虚实共存，人机共生；第三阶段是“原创阶段”，AIGC能够独立创作作品，其专业度甚至超过大部分人类。在未来十年，AIGC将颠覆现有生产模式，其创作速度提升百倍乃至千倍，创作成本也将大大降低。

（1）AIGC 基础设施将迎来爆发式增长

从现阶段来看，人工智能领域的自然语言处理、生成算法等深度学习模型还有很大的进步空间，AI技术的应用潜力有待进一步发掘，经过长期的技术积累，有望开发出更多先进的深度学习模型，以服务于人类社会、经济生活的方方面面。

训练数据是使学习模型具备“智能”的基础，其质量好坏会对模型输出结果产生影响，解决训练数据问题是人工智能领域的重要方向。充足的算力资源是学习模型完成训练的另一个基础条件，因此通过发展云计算、优化算法等手段来降低算力成本、提高计算效率是发展目标之一。

人工智能技术将是未来科技发展的主流技术之一，相关算法模型的训练和AIGC技术逐渐应用落地，将会带来庞大的算力需求。除了通过算法优化和云计算拓展算力资源，还有必要组建自有算力集群，推进我国算力芯片产业的发展，增加算力供给，突破其他国家对我国芯片封锁带来的桎梏。由此，我国的国产算力芯片将有机会获得增量市场。

（2）AIGC 将推动 Web 2.0 向 Web 3.0 演变

AIGC技术对人类社会生活的影响已经可以预见，它不仅能提高人类的创作效率，还可以让人类突破内容生产力的枷锁，创作出高质量的作品。AI视频、AI三维建模等技术的应用也有助于真正构建一个元宇宙世界。目前，AIGC相关技术整体上还处于初步发展阶段，其算法模型、训练数据集等软件设施有待优化，算力资源、通信网络等硬件设施也有待进一步发展。

AIGC将成为推动数字经济转型的重要生产力工具，加快Web 3.0时代的到来。一方面，AIGC技术对现有创作方式（写作、绘画）、娱乐方式（游戏、短视频）有着颠覆性的影响，不仅能够促进相关创作活动的数字化，还可以进一步扩大数字成果容量，深度改变人们的工作方式与娱乐生活；另一方面，AIGC可以充分激发相关内容创作的想象力和灵感，掀起开放想象、二次创作的浪潮，为Web 3.0的到来提供了环境条件。AIGC带来的创作潜力是与Web 3.0、元宇宙中描述的宏大的应用场景相适应的，把握住人工智能领域AIGC技术的发展，不仅是全球大势所趋，更是进入数字经济时代的正确方向。

（3）AIGC技术将逐渐实现商业化落地

2021年以前，AIGC领域较为突出的是AI生成文字方面，但相关模型生成的内容更为机械化、结构化，可应用的场景有限。2021年后，得益于自然语言理解模型、扩散模型、深度学习模型（如CLIP）等关键技术的突破，AIGC的商业应用逐渐成为现实，从技术到实际生产力转化的契机得以产生。

随着越来越多的科技公司加入AIGC赛道，其应用场景逐渐拓展与深化，多款AI写作、AI绘画等跨模态内容生成应用在社交网络上走红，得到了广大创作者、从业者和投资人的关注。AIGC将成为人工智能变革人类社会经济生活的重要突破口，目前多家头部科技公司致力于AIGC交互领域，其目标不仅仅是使AI在内容创作、聊天沟通等方面释放价值，还要使其在工业生产等领域提供助力。

AIGC革命：

Web 3.0 时代的
新一轮科技浪潮

第三部分

AIGC 商业落地

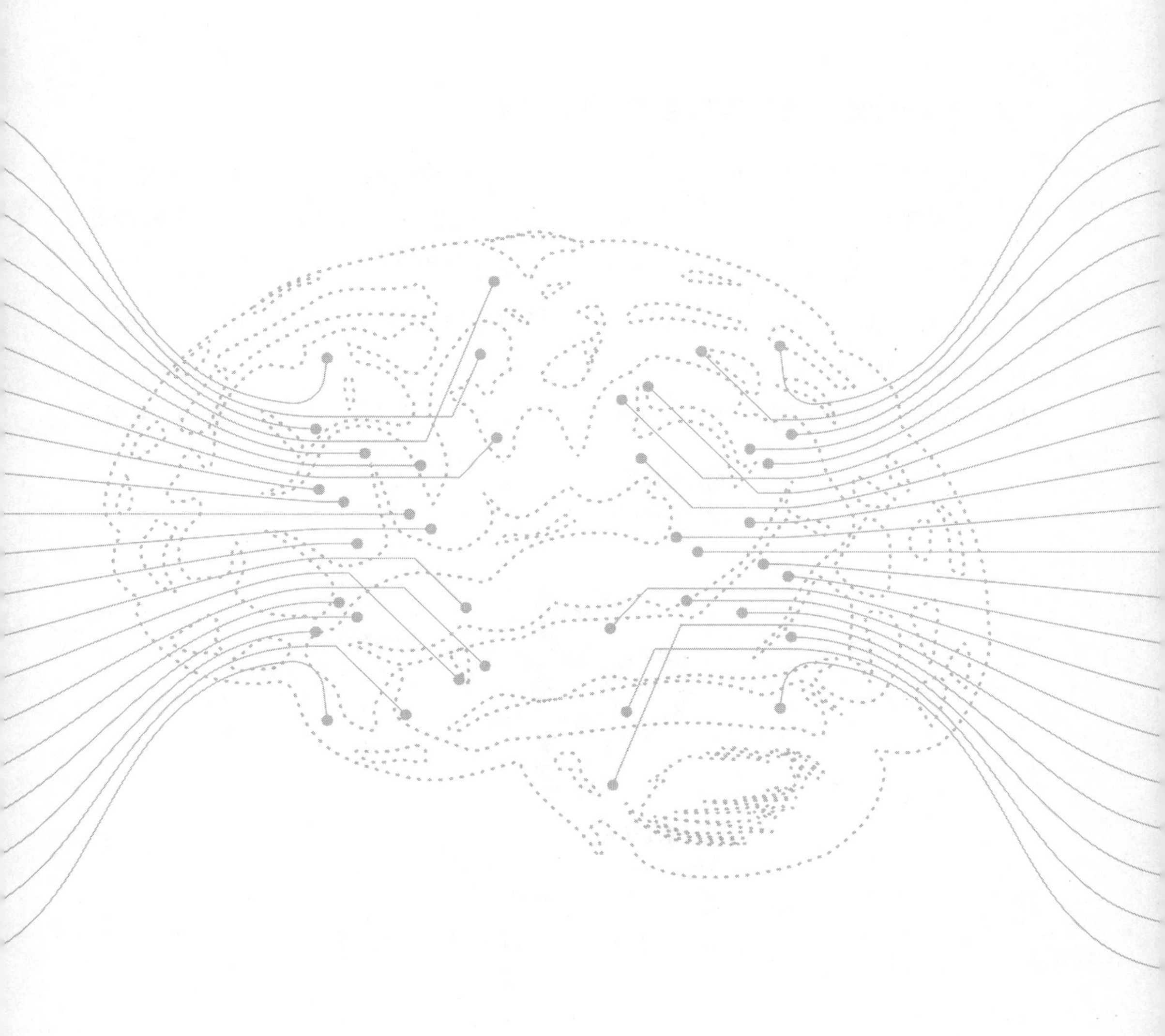

第 8 章

AIGC+ 内容：技术驱动的数字创意革命

01 新闻行业：重塑媒体全产业链

随着互联网信息技术的发展，信息资讯的传播范围扩大，时效性也大大提高，这些都使人们多样化的信息资讯需求得以及时满足。2014年，人工智能就开始在新闻资讯行业崭露头角，为AIGC在该行业的商业化奠定了基础。

AIGC在新闻媒体领域的应用主要包括新闻资讯采集、新闻稿件写作、视频智能剪辑、内容分发传播等细分环节（如图8-1所示），这些应用的落地大幅提高了传媒行业的智能化程度和内容生产效率，也为传媒工作者的工作提供了便捷。

图 8-1　AIGC 在新闻媒体领域的应用

（1）AIGC+ 新闻资讯采集

高质量的新闻资讯不仅要求所采集的信息准确而全面，还要求报道内容尽量客观真实，并确保其实时有效，这就要求新闻从业人员具备短时间内迅速整合现场信息的能力和流畅的语言表达能力。AIGC在媒体领域的应用融合了语音识别等先进技术，能够实时识别多语种录音和语音信息并迅速将其转为文字稿，可以为新闻工作者的工作提供助益。

科大讯飞开发的AI转写工具，集成了语音识别功能和文字生成功能，可以将记者的口头采访实时转化为书面文稿，并自动精减语句，完成提纲撰写等，为新闻稿件的时效性提供了保障。在2022年冬奥会期间，记者使用该智能语音笔来转写跨语种的语音稿件，将出稿时间缩短至两分钟。

除了一手信息的撰写，AI工具还能够精确检索过往信息，为工作人员提供参考素材。例如2022年底上线的AI聊天机器人ChatGPT，能够为用户提供经过整合的答案，虽然部分答案并不是特别严谨，但已经为AIGC在人机交互领域的应用提供了范例。

（2）AIGC+ 新闻稿件写作

目前，AI写作所运用到的底层技术——自然语言理解和自然语言生成，在相关模型开发和训练中发挥了重要作用。AI写作不仅有助于提升撰稿效率，在质量方面也开始具有相对优势，例如可以避免撰稿人在写稿时因粗心大意产生的基础性错误，并且在数据计算、统计方面有较好的表现。

时效性强是新闻的主要特点之一。为了确保新闻的时效性，媒体工作者必须充分确保报道效率，因此可以借助AI来完成撰写新闻稿件的工作，提高撰稿效率。例如，美国联合通讯社的智能撰稿平台的撰稿速度高达20000篇/秒；中国地震台网的写稿机器人曾在九寨沟地震时将编发相关新闻消息的时间控制在7秒以内。

AIGC作品得到业内人士的认可，促使许多科技企业进入了该领域。例如，由Automated Insights开发的撰稿工具Wordsmith可以在短时间内生成数篇有深度、风格多样的文章，目前主要为雅虎、美联社等媒体提供服务。国内也不乏相关应用的成功案例，例如新华社自主研发的机器人记者“快笔小新”，可以同时完成财经和体育报道中的多项任务；此外还有百度和人民网联合发布的“人民网－百度·文心”大模型、腾讯研发的Dream Writer等。

（3）AIGC+ 视频智能剪辑

短视频平台的广泛应用降低了视频内容产出和传播的门槛，AIGC与短视频平台的结合也为短视频平台的用户带来了新的内容产出方式，利用AIGC来生成视频既能够大幅降低时间成本和人力成本，也能最大限度地发挥版权内容价值。

例如，我国中央电视台曾在2022年冬奥会期间利用AI智能内容生产剪辑系统来编辑和发布冬奥冰雪项目的视频集锦，提高内容产出和发布的效率。

（4）AIGC+ 内容分发传播

在内容分发环节，AI的应用场景也有了进一步拓展。除了进行智能化、个性化的内容推荐，还可以以虚拟人主播的形式呈现内容，主要包含虚拟人直播和虚拟人视频制作两种形式。

AI虚拟主播能够为观众带来全新的沉浸式体验，在未来将以更强大的性能赋能媒体行业。AI合成主播具有网络带货、新闻播报、记者报道、天气预报、手语演示和多语言播报等多种功能，能够在多种媒体播报场景中发挥重要作用。

例如，我国曾将AI合成主播应用在2022年全国两会、冬奥会、冬残奥会等会议和赛事中，提高了会议信息和比赛信息的传播速度，为我国人民及时了解相关信息提供便捷。

随着AI技术的不断突破，AI合成主播的外在形象逐渐实现了由2D到3D的升级，面部表情、肢体动作、背景内容素材等要素也越来越丰富，除此之外，AI合成主播也不再是基于软件运营服务（Software as a Service，SaaS）的平台工具，而是深度应用人工智能技术的内容产出工具。

02 影视行业：科技与艺术的融合

影视行业快速发展的同时也暴露出剧本质量低下、制作成本过高、作品质量缺乏保障等诸多问题，亟须提升行业整体在剧本创作和视频编辑等方面的水平。随着社会经济的发展，人们的生活水平不断提高，对影视剧、音视频等精神产品的消费需求也不断增长，同时其鉴赏能力也随之提高，对影视作品的质量更加挑剔。在市场的推动作用下，影视行业不仅要提高工业化水平，努力增加产量；还要注重质量把控，引入更高效的创作方式，从画面、剧情、特效等方面提高作品质量。

那么，AIGC在影视领域有哪些应用场景呢？如图8-2所示。

图8-2 AIGC在影视领域的应用场景

（1）协助剧本创作，释放创意潜力

AIGC在影视行业中的应用能够有效为影视剧本创作赋能。具体来说，AIGC能够整合并详细分析大量影视剧本相关数据，并根据编剧设定的风格快速生成相应的剧本，编剧可以从AIGC生成的众多剧本中获得新的灵感和思路，进而提高自身的剧本创作速度，达到缩短创作周期的目的。

ChatGPT的上线，验证了AI将所学习的人类语言转化为有逻辑有深度的文字作品的可能性。在理论上，以海量的剧本、小说等优质内容作为训练数据，可以让AI获得创作优质剧本的能力，它不仅可以作为辅助创作工具，还能够提供创意思路，激发创作者的灵感。

2016年，导演奥斯卡·夏普（Oscar Sharp）与纽约大学研究员合作开发出的AI“本杰明”（Benjamin），编写出世界首部AI电影剧本《阳春》（Sunspring），经过修改、调整、拍摄，制作出了一部时长约9分钟的由真人演绎的短片，在伦敦科幻电影节亮相，并入围伦敦科幻电影48小时挑战前十名。

AI在剧本创作方面的潜力已经得到验证，但要真正转化为可靠的生产力，还需要优化算法模型，并进行大量有针对性的训练，使其更加贴合具体的应用场景，促进相关功能的完善。

目前市场上较为流行的剧本创作工具有Final Draft、海马轻帆等，Final Draft可以帮助创作者记录并完善创意，辅助设定角色特点、梳理场次等；海马轻帆主要面向B端影视公司，可以辅助进行剧本修改、将小说转换为剧本等。2021年，海马轻帆推出“小说转剧本”智能写作功能，该应用能够利用人工智能算法技术将小说转化为标准化的剧本结构，目前已经为《你好，李焕英》和《流浪地球》等众多影视作品提供了剧本撰写服务。

（2）推动创意落地，突破表达瓶颈

要制作一部高质量的电影，不仅要有好剧本，还要在拍摄、制作过程中投入大量的时间和精力，从剧本到荧幕仍然是一个漫长的过程。

例如，被誉为“三维特效巅峰之作”的大型科幻电影《阿凡达》（Avatar），其中60%的画面来自电脑特效，为了达到理想的画面效果，拍摄期间投入了大量人工、设备，耗时4年制作完成，投资近5亿美元。

《阿凡达》开辟了3D电影的新天地，观众们对沉浸式观感体验的追求推动了影视特效制作产业的发展，AIGC则可以为其高效赋能，改变当前劳动密集型的影视生产方式，解决人工难以解决的困难问题。

影视特效行业的制作流程是复杂而烦琐的。例如一些非实景拍摄的电影画面，场景中出现的一花一树、空中的飞鸟、正在坍塌的建筑……为了高度还原，都需要逐一构建模型，然后通过“骨骼绑定”和动作设计，让模型处于正确、自然的运动状态，之后还要确定分镜、调整光影等，加上后期的解算、渲染等工作，每个环节都可能存在大量的等待时间或重复劳动。

一些企业已经着手开发智能化的三维建模工具，旨在解放流程生产力，提高整体效率。例如，优酷推出的“妙叹”工具箱，可以使一些重复性的工作“一键解决”，对一些连贯动作进行“重定向”自动生成等。这些都大大减轻了制作人员的劳动负担，节约了时间成本。

（3）智能影视剪辑，虚拟影视合成

AIGC技术在影视行业中的应用具有影像复原、预告片自动生成、画面重制等功能，既可以修复过往的影像资料，提高影像资料的画质，也能根据完整的影片自动生成预告片，还能自动将普通的2D影片转变成3D影片。

AIGC技术在影视领域的应用能够实现AI换脸、动作合成、多语言译制片音画同步等多种功能，能够以数字化、智能化的方式对已故的演员进行虚拟仿真，使其再次出现在新的影视作品当中，也能以数字换脸的方式换掉已经完成拍摄工作的“劣迹艺人”。

03 娱乐行业：创造数字娱乐新体验

数字经济背景下，人们的娱乐方式、消费方式和消费环境发生了巨大变化，娱乐行业的产品服务与消费者之间的距离越来越近，人们在归属感方面的需求也在一定程度上得到了满足。AIGC技术在娱乐领域的应用能够生成趣味性图像和视频、打造虚拟偶像，释放IP价值，为消费者提供更加新鲜的娱乐体验，还能实现C端用户数字化身，提高用户的创作自主权，如图8-3所示。

图 8-3　AIGC 在娱乐领域的应用场景

（1）趣味性图像或音视频生成

AIGC应用中具有AI换脸、AI绘画等多种功能。其中，AI换脸能够根据输入的图片自动生成新的图像，充分满足用户的好奇心；AI绘画能够根据输入的图片或文字信息自动生成绘画作品，并通过社交平台广泛传播，有效激发用户的参与热情。

（2）打造虚拟偶像，释放 IP 价值

AIGC技术能够以声库创作词曲或AI合成音视频的方式打造出能够进行歌唱表演的虚拟偶像。

例如，日本乐器制造商雅马哈公司开发出的电子音乐制作语音合成软件VOCALOID能够将输入的歌词和音调进行合成，并生成与人类的声音相似的歌声，打造出初音未来、洛天依等虚拟歌姬，并通过直播打赏、品牌代言、舞台演出等方式进行内容变现。

（3）数字化身与元宇宙布局

随着数字技术和人工智能技术的飞速发展，元宇宙和虚拟数字人逐渐出现在人们的视野中，并快速发展，人们可以利用人工智能等技术手段构建更加真实

的虚拟场景，并获取更高的自主创作权，进而推动元宇宙的发展和应用，进一步发挥出虚拟现实等技术的商业价值。

2017年9月13日，苹果公司在iPhone X中发布了Animoji，这是苹果手机中的一项新功能，能够利用手机上配备的面部表情识别传感器来采集用户的面部表情信息，利用手机麦克风采集用户的声音信息，并利用这些信息生成相应的3D动画表情，用户可以借助Animoji来制作和分享自己的专属表情。

最初Animoji生成的3D动画表情还仅限于卡通动物头像，随着人工智能的快速发展，现阶段，Animoji已经能够利用数字化身技术自动生成拟真人卡通形象，让用户能够进行更加多样化的创作，并制造出更加丰富的形象库。

就目前来看，科技领域的各大领军企业均已发现数字化身领域的商机，并不断加大对数字化身相关产品和应用的研发力度，加快构建虚拟数字世界的速度，同时也在大力推动虚拟数字世界和现实世界协调发展。

2020年11月，百度在第七届世界互联网大会上公开表示人工智能技术能够通过3D虚拟形象生成和虚拟形象驱动等方式来设计动态化的虚拟人物，并在现场借助拍摄的照片快速设计出一个能够通过表情识别和动作识别实现拟人化的虚拟人物。

2021年10月，阿里云在云栖大会中公开展示了其研发的卡通智绘产品，具体来说，卡通智绘可以借助隐变量映射来采集人脸图片中的面部特征信息，并根据这些信息设计出与人脸图片相对应的虚拟形象，不仅如此，卡通智绘还可以采集用户的表情和动作等信息，并根据这些信息生成实时化、动态化的虚拟人物形象。

由此可见，随着科技的快速发展，人们可以利用人工智能等技术手段来根据自身特点进行虚拟形象创作，为自己设计在虚拟世界中的数字形象，同时也可以实现数字形象与现实世界的交互，并将虚拟世界中的数字形象应用到现实的生产生活中，进而达到助力虚拟商品经济快速发展的目的。

04 数字内容：智能化的 3D 内容生产

与2D内容相比，3D内容具有感官体验丰富、空间感强等特点，能够全方位表现出事物的结构、材质等信息，优化完善人机交互功能，不仅如此，由于3D产品具有更强的信息表现能力，因此通常能够高效处理各类多维的复杂信息，提高信息表达的精准度，从而为用户提供更多样化的感官体验和更优质的交互体验。由此可见，为了进一步提高设计成果表达的精准度，2D需要向3D甚至更高的信息维度升级。

目前，3D内容存在生产效率低、展示终端少等不足之处，因此难以大范围落地。对内容生产者来说，需要明确用户需求，并降低3D内容生产的技术门槛，提高生产效率，缩短生产周期，压缩生产成本，提升生产质量。近年来，我国数字经济的发展速度越来越快，科技水平也在不断提高，这都为3D数字内容的发展打下了良好的基础。AIGC的落地应用也推动了生产力的进步，同时有效提高了3D内容生产效率，为元宇宙内容基建提供了强有力的支撑。

艾迪普（北京）文化科技股份有限公司是一家高新技术软件企业，其涉猎内容包括虚拟数字、图形图像、视频制作和视觉艺术设计等。该公司目前积累了大量智能视觉相关知识和技术，且正在不断加大3D和AIGC方面的研究力度，力图充分发挥人工智能技术的作用，以便快速开发出实时三维图形图像相关产品。

目前，艾迪普自主研发的实时三维图形图像引擎、3D数字资产云平台、数字内容生产全链路工具等产品已经实现了三维设计、快变包装、虚拟合成和实时交互等功能，同时还大幅提高了数字内容的可视化程度和多样性，未来，这些产品将会在虚拟现实、增强现实、虚拟仿真、数字孪生和大数据可视化等多个领域中发挥重要作用，驱动各个相关行业快速发展。

艾迪普自主研发的实时三维图形图像引擎能够根据行业、应用场景、应用需求和开发需求等实际情况抽取一定数量具有基础功能的算法模组，并进行合理搭配，组合出大量具有科学性、高效性等优势的AI应用，从而推动数字内容生产走向智能化。

就目前来看，艾迪普已经将AIGC技术应用到了其自主研发的各类数字内容生产工具当中，让这些工具能够以智能化的方式自动生成气象播报视频等数字内容，并实现AI数字人融合、2D转3D、音乐卡点等智能化功能，与此同时，基于AIGC的数字内容生产工具还可以借助无代码编程来快速生成具有交互作用的3D内容，进一步提高3D内容生产的效率和3D内容的丰富性。

（1）数字人视频

艾迪普开发的iClip实时三维图形快编包装工具软件中融合了深度学习、语音合成、图像合成、肢体动作合成、自然语言处理和计算机图形学等多种先进技术，具有强大的3D数字内容生成功能，能够高效生成动态化的3D数字人视频。

不仅如此，iClip实时三维图形快编包装工具软件还可以综合运用数字场景、三维模型、图文动画、动态特效等技术来强化3D数字人的适应能力，让3D数字人能够快速适应各类应用场景，并提供相应的内容服务和产品服务，充分满足各行各业的用户在资讯播报、电商带货、赛事解说、泛知识讲解等方面对数字化内容的需求。

（2）气象播报视频

艾迪普开发的气象短视频生成工具可以实时采集天气数据，同时也能接收和处理来自用户的指令信息，并根据天气数据和指令分析结果自动生成各种类型的3D气象播报视频，有效解决气象播报在城市数量、天气状况、播报场景、AR前景和数字人角色等方面的问题，同时也能提高新形态播报内容的制作速度，从而缩短制作周期，并减少在制作成本方面的支出。

（3）2D转3D

艾迪普开发的iArtist实时三维可视化创作工具中融合了智能算法技术，能够自动采集2D图像中的信息，并利用智能算法实时生成与2D图像相对应的3D立体模型，同时还能够针对实际需求对3D模型进行进一步完善和优化。iArtist实时三维可视化创作工具的应用能够有效简化3D模型的制作流程，从而达到帮助相关开发人员降低3D建模时间成本的目的。

（4）音乐卡点

艾迪普开发的iClip实时三维图形快编包装工具中融合了智能算法技术，能够利用智能算法设计音乐分析模型，并利用该模型分析音频的波形，进而实现对音频节奏点的自动标记。随着iClip实时三维图形快编包装工具相关技术的不断发展，未来，该工具还将与多模态训练框架和数字资产云平台等应用协同作用，进一步提高检索、匹配和生成跨模态内容的自动化程度，充分确保视频内容生成的效率。

随着人工智能等技术的快速发展和广泛应用，各行各业都开始积极推进产业转型工作，就目前来看，AIGC相关应用才刚刚进入发展和应用的初级阶段，但未来，AIGC相关应用将进一步加强与人工智能等先进技术的融合，数字内容生产力也将不断提高，多模态数字内容生产将成为AIGC应用发展的重要方向，而智能化的多模态内容生产也将改变当前的生产生活方式，并为人们的工作和生活提供便捷。

第 9 章

AIGC+ 电商：赋能电商模式变革与转型

01 图片设计：AIGC 绘画的智能应用

互联网技术的发展为贸易往来和经济发展注入了新活力，电子商务也随之兴起并不断发展，它不仅改变了人们的交易模式、购物模式，还激励着传统商业模式不断变革与转型。而在数字化技术、互联网技术与金融、传媒、教育等行业加速融合的大背景下，走在时代前列的AIGC技术将兴起新一轮行业、产业的变革，赋能电商行业是其重要表现之一。

电商图片设计就是根据客户的实际需求制作用于宣传商品的图像内容，通常具有展示商品的作用，因此电商图片设计对商品的呈现效果、购买率和用户转化率有着十分重要的影响。对电商企业来说，若要获得良好的电商图片设计效果还需解决以下几个方面的问题：

- 在收集和处理图片素材方面，电商图片设计对图片素材的需求量大、质量要求高，企业通常需要在收集和处理素材方面花费大量的时间和精力，因此企业需要提升自身在收集和处理素材方面的能力；
- 在图片风格方面，电商图片设计既要符合品牌风格，也要突出品牌特色，还要充分满足各个商品、场景和用户的个性化需求，因此对设计师的要求较高，设计师需要不断提升自身在创意和审美方面的水平；

- 在测试和优化图片效果方面，为了得到更好的商品呈现效果，电商图片设计往往需要根据反馈内容进行有针对性的测试和优化调整，因此设计师需要强化自身在数据分析和迭代方面的能力。

AIGC技术在电商图片设计中的应用能够有效解决以上三个方面的问题，达到优化电商图片设计的效果。具体来说，AIGC在电商图片设计领域主要有以下几项应用，如图9-1所示。

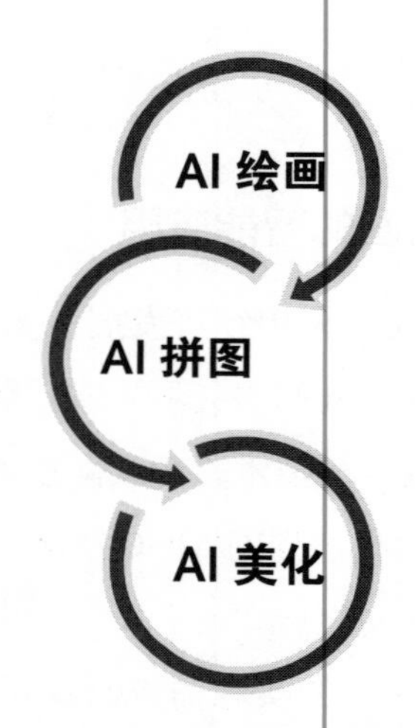

图 9-1　AIGC 在电商图片设计领域的主要应用

（1）AI 绘画

AI绘画就是利用人工智能对用户输入的图片或文字进行智能化分析并根据分析结果自动生成相应的图片。AI绘画能够根据用户的需求快速生成大量图片，为电商图片设计提供多种多样的图片素材，进而帮助设计师提高电商图片设计的素材收集效率，优化电商图片设计效果，增强商品对消费者的吸引力。

以OpenArt为例，该应用融合了人工智能技术，能够自动处理网站中的图片和用户输入的图片，并在此基础上根据用户对图片风格、图片主题等方面的要求自动生成相应的绘画作品。

（2）AI拼图

AI拼图就是利用人工智能来根据用户的实际需求广泛采集图片素材，并以智能化的方式对这些图片进行裁剪、拼接和融合处理，最终将大量图片素材整合成一张完整的图片。AI拼图具有高效制图的作用，能够为电商图片设计提供充足的图片素材，同时也能够大幅提高商品呈现的真实感和场景感。

以Mage.Space为例，该应用具有在线AI拼图功能，能够根据用户上传的场景信息和物品信息自动生成相应的AI拼图图片，满足用户的实际需求。

（3）AI美化

AI美化就是利用人工智能来根据用户的需求对图片的色彩、亮度、锐度和对比度等参数进行调整，同时利用智能化的手段对图片进行去噪、去模、去水印等处理，一般来说，经过AI美化的图片拥有更好的呈现效果。

在具体的应用过程中，AIGC能够满足电商领域的不同需求。比如，当前服装领域的许多电商企业都采用“小单快返”的运营模式，即先小批量生产出多种样式的服饰产品并投入市场，再根据市场反馈，对某些受消费者欢迎的款式进行大批量生产，以此提高利润率，同时减少库存风险。该模式下，对多种款式产品图片素材的需求量很大，但如果每一款产品都要找模特拍照、修图，其效率、成本和收益是不匹配的。而依托于AIGC图像生成应用，商家能够方便快捷地获取海量商品图片和创意营销素材。

例如，阿里巴巴推出的AI设计师“鹿班”，可以根据商家上传的商品原始图片，自动生成带有商品名称、尺寸、价格、促销信息等内容的商品主图。ZMO.AI团队研发的AIGC引擎可以根据商家上传的产品图和所选择的模特，生成模特穿着该产品的展示图。此外，虚拟人模特及广告也为消费者带来独特的视觉体验。AIGC可以促进整体运营效率的提升。

再比如，跨境电商在进行产品营销时通常需要为产品起一个高端大气且让人过目不忘的英文名称，并用英文制作产品营销文案以及产品展示图片和视频。AIGC的应用能够以智能化的方式自动生成文本、图片和视频等内容，能够帮助跨境电商解决语言障碍和缺乏创意等各类问题，优化产品营销效果，因此跨境电商应充分发挥AIGC的作用，利用AIGC技术生成自身所需的文本、图片和视频等内容。

例如，美国人工智能研究公司OpenAI开发的智能对话系统ChatGPT能够理解和学习人类的语言，并像人类一样联系上下文聊天互动。具体来说，ChatGPT是一种以人工智能为技术基础的自然语言处理工具，具有处理序列数据、语言理解和文本生成等功能，能够在经过大量数据训练的基础上对语言模型进行强化学习，进而增强人工智能的理解能力，达到优化回答内容的目的。

对用户来说，只需在ChatGPT中输入指令信息，ChatGPT就会自动生成文本形式的回答。用户可以利用ChatGPT来生成产品描述、促销信息、营销文案等多种内容，为自身的产品营销等工作提供方便，同时也可以将ChatGPT与搜索引擎优化（Search Engine Optimization，SEO）相结合，实现对文本中的关键字的高效识别和优化调整，进而为信息检索提供方便。除此之外，用户也可以使用自动化工具Copy.ai等多种AI文本生成平台来生成所需内容，从而在提高营销内容质量的同时推动营销工作走向自动化和智能化。

AIGC绘画工具的使用有效弥补了用户在绘画技术方面的不足，可以通过分析用户提供的风格、颜色等方面的词汇自动生成相应的图片，从而为用户获取所需的图像内容提供方便。AIGC视频工具能够高效识别和分析用户输入的文本信息，并根据分析结果整合数据库中的素材自动生成相应的视频内容，从而为用户获取所需的视频内容提供方便。总而言之，AIGC内容生成工具的使用既能有效提高内容生产效率，也能为用户提供更加丰富的创作素材和创作灵感，同时也进一步拓展了内容创作空间。

02　3D 商品模型：提升电商转化率

近年来，数字技术发展和应用的速度越来越快，消费不断升级，利用各种数字化技术为消费者带来“沉浸式”购物体验逐渐成为电商领域发展的方向。AIGC可生成的内容形式已经扩展到电商领域，因此商家可以利用AIGC技术来自动构建商品三维模型、虚拟主播和虚拟货场，并综合使用基于AIGC技术的相关应用产品来提高响应消费者需求的速度和准确性，同时通过构建沉浸式的消费场景来优化消费者的消费体验。

三维建模是AIGC技术商用的重要场景之一，在电商领域当中，基于AIGC技术的三维商品模型能够利用视觉算法实现对商品的全方位展示，并为消费者提供线上观看、试穿、试戴等虚拟试用服务，让消费者身临其境地感受产品的各项功能，进而优化消费者的购物体验，并达到提高用户转化率的目的。

目前，部分企业已经开发出了商品级的自动化三维建模工具，这类工具能够根据商品信息快速构建高精度的三维商品模型，为用户提供商品建模服务。具体来说，用户可以利用三维建模工具来构建3D商品模型，并使用3D商品模型来向消费者展示产品外观，提高产品展示的全面性和用户沟通效率，同时也帮助用户节约选购时间，优化购物体验，进而提高成交速度和成交率。不仅如此，基于AIGC技术的三维商品模型还能为消费者提供线上虚拟试用服务，从而为消费者了解产品、体验产品提供方便，为消费者提供更加优质的消费体验。

以阿里巴巴推出的天猫3D家装城为例，该自动化三维建模工具能够利用自身的三维模型生成功能为用户提供三维购物空间搭建服务，让消费者能够根据自身的实际情况在三维购物空间中自主设计家装搭配方案并获得沉浸式的线上购物体验。

各电商平台的公开数据显示，三维购物的平均转化率远远高出整个行业的平均转化率，三维购物的成交单价也明显高于正常引导成交单价，同时在退货率和换货率方面，三维购物也具有明显优势。

目前，各行各业均有大量企业在产品虚拟试用领域布局，并大力开发相关产品和应用，例如，优衣库推出了虚拟试衣服务，阿迪达斯推出了虚拟试鞋服务，宜家推出了虚拟家具搭配服务，保时捷推出了虚拟试驾服务。未来，AIGC技术的相关应用将逐渐成熟，各行各业也将陆续开发出更多专业级、消费级的人工智能三维建模工具，简化三维建模流程，降低三维建模工具的入门难度和使用成本，从而在技术层面驱动虚拟试用实现大规模商业落地。

AI技术能够运用视觉生成算法和从各个角度拍摄的商品图像来自动构建商品的三维几何模型，且该模型在色泽、纹理和造型等方面均与商品实物一模一样。对用户来说，可以借助该模型在线上对商品进行虚拟试用，进而获得沉浸式的消费体验；对电商领域的商家来说，优化消费者的线上消费体验有助于提高用户转化率，刺激用户消费。

当前，淘宝、京东等线上购物平台均已引入商品虚拟展示，同时优衣库、阿迪达斯、周大福、保时捷等许多品牌企业也在积极研究虚拟试用相关技术，试图利用更加便捷的商品试用方式和更加真实的虚拟试用效果为消费者进行线上购物提供方便，优化线上购物体验，以便高效促成订单。

当前，我们在线上进行购物时，浏览商品图片和商品尺寸、材质等文字描述信息是我们了解商品的主要途径，但部分商品容易出现实物效果与预期效果不符的情况。AIGC自动化三维建模则提供了解决方案，用户可以通过视觉算法生成3D商品模型，从而观察商品全貌，降低沟通成本，改善购物体验；对商家来说，可以促进交易订单顺利完成。此外，还可以将三维模型置于具体场景中，便于用户评估整体效果。

阿里巴巴旗下的家装家居设计平台“每平每屋设计家”植入了AIGC功能模块，用户只需要用手机扫描家居环境，系统里的AI就可以自动生成商品（家具、装饰物等）放在家里的三维效果画面，这为用户的选购活动提供了便利。

03 虚拟主播：直播电商的新战场

随着区块链技术的快速发展和广泛应用，互联网逐渐走向去中心化，同时AIGC的落地应用也为虚拟人的发展提供了助力，大幅提高了虚拟人的拟人化程度和创造力，也进一步增强了虚拟人在交流、学习和工作方面的能力。

对企业来说，使用服务型虚拟人代替人来完成一些具有重复性和事务性等特点的工作既能提高工作效率，也能节约人力成本。以AI智能客服为例，此类虚拟人能够提供24小时高效服务，这不仅大幅延长了工作时间，也有效提高了工作效率，还能为客户提供全天候服务，充分满足客户需求。不仅如此，偶像型虚拟人也逐渐被投入市场，部分企业通过在偶像型虚拟人中融入自身品牌理念的方式来提升虚拟人与自身品牌之间的契合度，并借助偶像型虚拟人来加强用户与品牌之间的情感联结，提高用户对品牌的信任度，进而实现高质量的品牌营销。

与此同时，部分企业还将虚拟人应用到直播营销工作中，使用虚拟主播代替真人主播来完成直播营销工作，与真人主播相比，虚拟主播完全受企业的控制，具有稳定性强和可控性强的优势。除此之外，还有部分企业通过真人主播和虚拟主播协同工作的方式实现了24小时直播，让用户无论在哪个时段都能观看直播，充分满足了用户的需求。随着AIGC技术的深化应用，虚拟数字人主播逐渐在各大直播平台上线，并日益成为许多商家的选择。

在2022年的京东新百货“美妆2.28超级品类日”活动上，美妆虚拟主播“小美”入驻欧莱雅、YSL、科颜氏等多个美妆品牌的直播间进行直播。“她”不仅在形象、声音语调上与真人相差无几，还可以手拿商品一边展示一边介绍，甚至能够凭借专业知识回答直播间用户的问题。

具体来说，虚拟主播的优势主要体现在以下三个方面：

a.虚拟主播工作不受体力和精力限制，能够在任意时段完成直播工作，弥补真人主播无法全天工作的不足，为用户观看直播和购物提供方便，同时也能帮助企业获取更多的客流量。现阶段，欧莱雅和飞利浦等企业已经将虚拟主播投入使用，一般情况下，品牌会根据时段安排虚拟主播与真人主播交替直播，实现全天候直播。

b. 虚拟主播能够提高品牌的年轻化程度，帮助企业打造全新的品牌形象，迎合流行趋势和新消费人群的喜好，同时也能进一步拓展应用到其他的虚拟场景中，达到扩大传播范围、丰富传播圈层的效果。以海尔为例，“海尔兄弟”虚拟人在海尔举行的直播大促活动中通过与主持人和观众进行互动为海尔增加了播放量，也帮助海尔获取了大量流量资源。

c. 虚拟主播的所有行为、语言和人设均受企业控制，具有较强的稳定性和可控性，企业使用虚拟主播能够有效避免“人设崩塌”问题，防止出现由主播言行造成的负面舆论，以便确保自身拥有良好的品牌形象。

基于AIGC技术的虚拟主播不仅可以代替真人完成直播带货工作，还具有比真人更多的工作时间。电商领域的商家可以通过虚拟主播和真人主播轮播的方式将直播时间延长，实现全天候、全年无休的货品推荐和在线客服，充分满足消费者的线上购物需求。同时，要使虚拟主播具备应对多样化场景的性能，还要依赖于AIGC模型算法的升级和相关训练数据的积累。我们可以确定的是，虚拟主播在未来有着广阔的应用前景。

04　电商元宇宙：搭建全新的购物场景

数字技术、网络技术等各类科学技术的进步改变了人们的生产生活方式，并将人类带进数字时代。在数字时代，人们的工作和生活都与网络息息相关，几乎每天都需要在网络中花费大量时间，同时VR、AR等数字技术的重要性逐渐凸显出来，并为人们带来了各种各样的新奇体验。

就目前来看，各类新兴科技通常具有现代化的功能以及较强的移动性和便利性，因此无论是消费者还是科技领域的领军企业都将这些科学技术作为关注的重点，Epic Games和Roblox等游戏制作团队以及微软和英伟达等科技企业都加大了对这些科学技术的研究力度，并积极推进各类新兴科技落地应用。例如，Meta公司将VR和AR等技术应用到Facebook中，构建以Facebook为平台的数字空间，以便人们在该数字空间中开展学习、工作、购物、游戏等活动。

元宇宙是人们利用数字技术构建的基于现实世界映射的虚拟世界，目前尚处于发展初期。随着科技水平的不断提高，元宇宙的发展速度越来越快，彭博行业研究报告指出，到2024年，全球的元宇宙市场规模将达到8000亿美元。元宇宙中融合了多种技术和元素，且包含大量数据信息，企业若要充分利用元宇宙中的虚拟世界来为自己服务，就必须借助人工智能技术的力量来采集和分析各项数据信息，并在此基础上汲取其他领域在元宇宙应用方面的经验，同时也要革新创意流程，优化应用程序。

（1）虚拟购物体验

在元宇宙中进行虚拟购物对消费者和企业都有着较大的吸引力，因此许多企业不断加大对元宇宙的研究力度，力图进一步提高虚拟购物的实时性和逼真感，以便为消费者提供“沉浸式”的购物体验。

以人工智能等技术手段为基础的虚拟购物能够广泛采集客户活动、购买历史、购物偏好等信息数据，并通过对这些信息数据的分析来提高购物推荐的个性化程度，从而向消费者提供符合其购物需求和购物偏好的商品，帮助企业达到提高购买率的目的。与此同时，虚拟购物还打破了时间和空间的限制，使得消费者可以随时随地访问虚拟购物平台，并通过虚拟世界中的商品模型来全面了解商品的外观信息。除此之外，消费者还可以在虚拟世界中享受新车试驾、饰品试戴等服务，从而充分体验产品，深入了解产品价值。

（2）虚拟购物场景

AIGC技术的落地应用推动了线上商城和线下秀场的快速革新，同时也为消费者提供了虚拟化的购物场景和“沉浸式”的虚拟购物体验。现阶段，AIGC技术已经具有低本高效搭建虚拟货场的能力，能够在较短的时间内建立大量虚拟货场，并帮助企业节约虚拟空间构建成本，从而充分满足电商行业对三维场景的需求，为各行各业的企业开展线上经营活动提供强有力的支撑，同时也促进了线上经营与线下经营的协同发展，进一步丰富了消费者的购物体验。

2016年4月，阿里巴巴推出了“Buy+”，这是一种基于VR的新型购物方式，能够生成可交互的购物环境，并以VR购物的方式为消费者提供全景式的虚拟购物体验。除此之外，耐克也在Roblox上发布了以耐克总部为模型的虚拟世界Nikeland，让游戏玩家可以为虚拟世界中的游戏角色配备耐克产品。

未来，VR、AI等先进技术的应用将越来越深入，应用范围也将越来越广，虚拟货场自动化构建相关技术将快速发展，为各行各业在虚拟世界的发展提供强有力的支持。

AIGC具有3D建模功能，能够利用智能化手段构建3D商品模型，为电商行业全方位展示商品外观提供方便，也为消费者在线上对商品进行虚拟试用提供支持。在商品展示方面，基于AIGC的3D模型能够以动态化的方式全方位展示商品，并突出产品特性，将产品以更加生动形象的状态呈现在消费者面前，从而引起消费者的兴趣，激发消费者的购买欲；在虚拟试用方面，基于AIGC的3D模型具有在线虚拟试穿、试戴等功能，能够让消费者在线上实现与商品的近距离互动，为消费者提供“沉浸式”的商品试用服务，从而优化消费者的消费体验，达到提高购买率的目的。与此同时，AIGC也能够智能生成3D虚拟环境，利用智能化手段为电商行业构建3D虚拟商城，让消费者可以体验到全景式虚拟购物服务。

例如，Nike与Roblox共同打造的Nikeland是一个包含多种体育活动和游戏的元宇宙空间，用户可以在Nikeland中购买Nike的虚拟商品，并使用这些虚拟商品来装扮自己。

（3）数字化身

数字化身是基于虚拟数字人技术的数字形象，能够在虚拟的元宇宙空间中模拟真人的行为动作。从外表上来看，数字化身具有定制化的特点，用户可以定制与自己的外形相符的数字化身并调整数字化身的服装和发型，购买虚拟世界中的商品来对数字化身进行装扮，将其打造成自己的专属身份。由此可见，数字化身为数字时尚的快速发展提供了支持，各个时尚公司可以设计并销售数字化身在虚拟的元宇宙世界中使用的数字服装，目前，部分时尚品牌已经开始将自身设计的数字服装投入市场中进行售卖。

融合了人工智能技术的数字化身是人们在虚拟世界中的数字身份，也是虚拟世界的重要组成部分。对消费者来说，使用虚拟的数字身份既能优化购物体验，也能直接借助自己的数字化身进入虚拟商店当中，以便浏览虚拟商店、选购虚拟商品和查询优惠信息。总而言之，虚拟的元宇宙空间能够为用户带来全新的消费体验，让用户能够借助自己的数字化身自由穿梭在各个虚拟世界当中，获得多样化的体验。

第 10 章

AIGC+ 营销：ChatGPT 重构数字营销模式

01 信息检索：颠覆搜索引擎营销模式

2022年11月30日，美国人工智能研究公司OpenAI发布了名为ChatGPT的以人工智能技术驱动的机器人聊天程序，该聊天机器人模型能够学习和理解人类的语言对话，并模拟人类进行交流，微软公司联合创始人比尔·盖茨（Bill Gates）认为，从意义上来看，ChatGPT与互联网和个人电脑的重要程度不相上下。

当前，ChatGPT的热度居高不下，世界各国的科技企业不断加大对ChatGPT的关注，并陆续加入人工智能的赛道。2023年2月2日，微软宣布旗下所有产品将全线整合ChatGPT，并紧接着推出了由ChatGPT支持的必应搜索引擎和Edge浏览器；2023年2月6日，谷歌宣布推出一款名为“Bard”的聊天机器人，以抢夺ChatGPT在人工智能领域的市场份额；2023年2月7日，百度宣布将在3月完成名为“文心一言”的类ChatGPT项目的内测，并将其投放到市场当中。

随着ChatGPT热度的飞速增长，人工智能技术的应用越来越深入，人们对AI绘画、数字虚拟人、元宇宙等人工智能技术的认知也在不断加深，AIGC将成为新的生产力引擎带领人们进入新的时代，而ChatGPT等AIGC工具的应用也将改变营销行业的发展现状。

具体来说，ChatGPT等AIGC工具在内容创作方面表现出了以下几项特点：

- AIGC生成的内容与人类创作的内容十分相似，用户难以精准地判断出内容的创作者是人类还是AI，由此可见，在内容创作方面，人类与AI的区别的重要性正在降低，而用户也很难做到借助AIGC、UGC和PGC之间的不同之处实现对不同内容生产方式的精准判断。
- 从创作质量上来看，在一定规则下，AIGC工具生成的作品能够与专业人士创作的作品一较高下；从创作速度上来看，AIGC工具具有数倍于人类的内容创作速度。未来，ChatGPT等AI工具可能会取代传统的搜索引擎和语音助手，并针对人们的实际需求提供更具互动性和定制化的服务。
- 由于ChatGPT等AI工具是AI在大数据模型下的延续，能够在人们使用它的过程中采集信息并进行信息交流，同时通过大规模的模型训练和大数据训练的方式实现持续优化。

2023年2月，瑞银集团发布报告称，截至2023年1月末，ChatGPT的月活用户数量已经超过1亿人，成为截至目前用户增长速度最快的消费级应用程序，由此可见，ChatGPT类AIGC存在十分庞大的市场需求和用户群。

对用户来说，ChatGPT可以帮助其以更快的速度和更高的精度来获取和筛选信息，同时用户也可以借助ChatGPT实现智能互动，并获取一些相关智能建议，如图10-1所示。

与传统的搜索引擎等信息检索工具相比，ChatGPT等AI工具能够有效解决信息垄断问题，提高信息资源分配的合理性。未来，ChatGPT在经过长期发展后，甚至可能会取代谷歌、必应、百度等传统搜索引擎，成为人们广泛应用的新的信息检索工具。而当ChatGPT取代其他搜索引擎成为人们最常使用的信息检索工具时，品牌方则需要充分发挥ChatGPT的智能回复功能，通过加强与用户接触的方式来获取所需信息，进而达到深入了解用户实际需求的目的，并据此实现有针对性的AIGC营销。

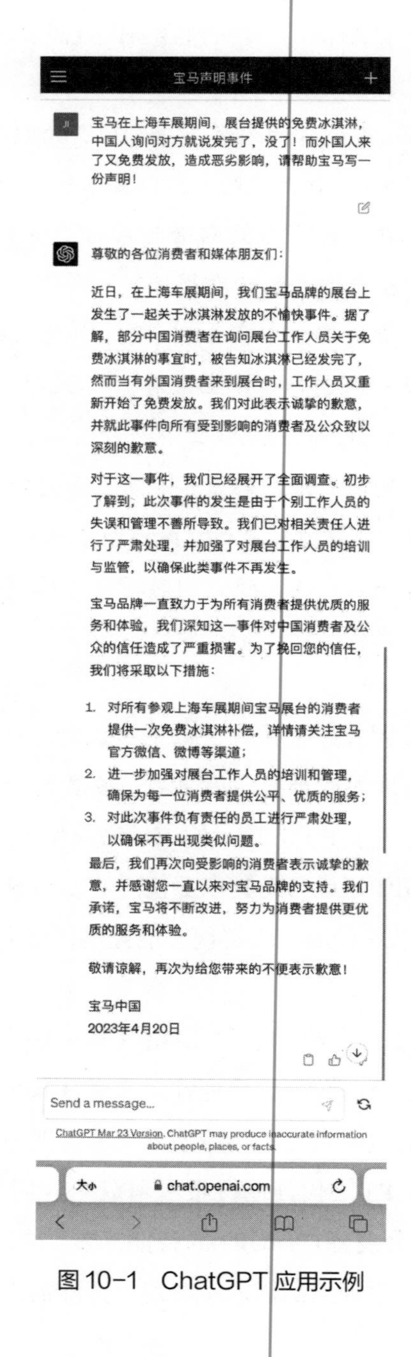

图 10-1　ChatGPT 应用示例

对品牌来说，其需要掌握使用ChatGPT检索品牌信息的有效方法。具体来说，ChatGPT的营销与百度的搜索引擎优化（Search Engine Optimization，SEO）和搜索引擎营销（Search Engine Marketing，SEM）具有一定的相似之处，但从算法逻辑上来看，ChatGPT与搜索引擎工具之间存在巨大差异。因此，品牌将原本使用的百度等传统搜索引擎换为ChatGPT时，营销生态和品牌预算分配也会随之发生变化。

从信息检索模式上来看，ChatGPT需要先接收用户发出的信息检索诉求，再据此检索相关信息，并将检索到的信息和相关智能推荐信息提供给用户。在这种模式下，ChatGPT具有流量变现精度高的优势，能够为自身和品牌创造出更大的价值，但同时品牌也需要在流量变现的过程中精准把握商业化和用户价值之间的关系，避免出现二者失衡的情况。

02 直抵用户：ChatGPT重塑网红生态

从表面上来看，ChatGPT产品与KOL（Key Opinion Leader, 关键意见领袖）生态之间并不存在任何联系，但从本质上来看，ChatGPT和KOL在用户价值方面具有一定程度的相似性，因此，ChatGPT等AI工具的应用可能会改变KOL生态，甚至为其注入新的流量和发展动力，驱动网红经济快速发展。

一般来说，现阶段的KOL主要包括观点型KOL和种草型KOL，但目前大部分KOL可以算作这两种类型的结合。具体来说，观点型KOL就是在人际传播网络中提供信息并对他人的判断造成一定影响的意见领袖；种草型KOL就是以好物推荐的方式来引导消费者购物的专业带货人员。其中，种草型KOL能够通过产品试用、产品测评和产品成分分析等方式实现对产品的全方位深入了解，并以推荐广告等方式为用户提供准确度和可信度较高的商品信息，帮助用户避免因信息不对称而造成损失。但由于ChatGPT具有十分强大的信息检索能力，能够高效采集并分析网络上所有的用户反馈信息和数据以及相关学术文献，进而为用户提供更加精准高效的信息检索服务和定制化的产品推荐服务，进一步提高用户价值，因此，未来ChatGPT可能会取代种草型KOL成为新的商品信息获取渠道。

由此可见，当用户缺乏信息检索能力，无法利用搜索引擎来获取能够为自己选择产品提供帮助的信息时，种草型KOL应运而生，并通过UGC和PGC的方式来输出信息，为用户了解产品信息提供帮助，同时也在用户的消费决策活动中提供建议。因此，品牌方常常将种草型KOL作为营销投放的重点，并借助种草型KOL的影响力来向消费者营销自己的产品。

ChatGPT等AI产品具有智能化采集和筛选信息、用户触达等功能，既能够高效获取产品信息，也能通过与用户的交流来实现对用户诉求的深入了解。由此可见，与种草型KOL相比，ChatGPT能够为用户提供更加精准、更加快速且更具针对性的产品信息和推荐，以更快的速度满足用户需求，因此未来可能会有越来越多的品牌使用ChatGPT等AI产品进行营销。

在用户触达方面，KOL主要通过社交媒体向与自己存在关注或社群等关系的用户直接传递信息；AIGC目前难以主动触达用户并发送相关信息，只能在用户主动提出信息检索诉求的情况下为用户提供服务，但如果在ChatGPT等AI产品中引入订阅、个性化内容推送等功能，那么ChatGPT就可以借助自身与用户之间的订阅关系主动向用户发送产品推荐信息等内容，进而更加全面地取代KOL的各项功能。

随着ChatGPT等AI产品的长期发展，未来，ChatGPT可能会全面取代KOL成为品牌在面对营销工作时的新选择，并促进内容生态实现全方位革新。

03 人机协作：释放营销内容生产力

机器人可以代替人来完成重复的、危险的和烦琐的工作，这不仅能够降低人力成本，提高工作效率，还有助于企业实现精细化生产。而与机器人相比，ChatGPT可以代替人来完成一些具有重复性和创造性等特点的工作，如内容创作等。就营销行业而言，ChatGPT的应用能够高效率、高质量地完成营销工作，为营销行业产出内容提供助力，大幅提高营销效率，同时这也会对电商、流量投放等目标性单一的内容创作造成较大影响，甚至在市场竞争中淘汰掉许多基础性营销创作者。

随着ChatGPT等AI工具在营销领域的应用越来越广泛，整个营销行业将加速走向人机协作时代，创意人、策划人、设计师等内容创作者都可以像使用传统的搜索引擎来采集内容产出的素材一样利用AIGC来生成所需内容，并从中获取创作灵感。

与以机器人的大规模应用为基础的自动化工业生产革命相比，ChatGPT的广泛应用将会助力营销行业实现更高水平的人机协同，并成为实现营销服务生产革命的重要基础，为营销内容创作提供技术层面的支持，同时加快营销工作实现垂直化分工的速度。除此之外，ChatGPT的广泛应用也将为企业带来新的管理理论、营销理论和营销方法论，并进一步促进整个营销行业快速发展。

ChatGPT等AI工具在营销行业中的广泛应用将解放营销内容生产力，提高信息检索的便捷性，推动营销行业进入人机协作时代，并提高营销的个性化和定制化程度，助力各式各样的品牌营销全面落地。ChatGPT具有采集用户信息的能力，能够精准掌握用户的产品偏好和审美偏好等信息，并根据用户的需求和偏好进行信息检索和信息筛选，以便为用户提供针对性较强的品牌内容，充分满足用户诉求。

04 媒介变革：重塑品牌营销供应链

由于ChatGPT的广泛应用可能会重塑当前的KOL生态，甚至直接取代种草型KOL成为新的品牌营销工具，因此如果将ChatGPT应用到电商信息领域，那么ChatGPT也可能会重塑营销供应链，以融合元宇宙、数字虚拟人等先进技术的方式进行虚拟直播，进而淘汰真人主播。

ChatGPT的虚拟直播与传统真人直播之间存在竞争关系，传统真人直播的生存空间可能受到挤压，因此传统的多频道网络（Multi-Channel Network，MCN）机构和直播服务机构不得不加快转型的步伐。与此同时，ChatGPT的应用也挤压了传统搜索引擎和传统用户触点平台的生存空间，因此以此为基础的营销服务商也需要积极应对ChatGPT带来的变化并进行转型。

当ChatGPT等AI工具实现大规模应用时，全新的商业化广告平台将应运而生，并由此拓展出一个全新的营销服务商生态。不仅如此，由于ChatGPT具有十分强大的数据采集能力，能够为用户提供针对性的营销数据信息，充分满足用户在自身舆情动态和相关数据等方面的需求，因此未来可能会有许多品牌选择借助ChatGPT来获取信息。这将导致舆情监测公司、数据洞察公司等传统的营销数据服务公司受到冲击，甚至被ChatGPT所取代。

在内容服务方面，ChatGPT能够为用户提供信息检索、产品推荐等多种服务，进而充分满足用户对信息的需求，并优化用户体验，同时ChatGPT等AI工具也是一个具有中心化特点的信息入口，能够在用户进行信息检索时为其提供相关推荐，让用户能够了解到更多相关信息。

由此可见，随着ChatGPT的广泛应用，媒介生态的发展将逐渐趋向中心化。中心化媒介生态具有信息碎片化程度低的特点，能够大幅减少信息传播过程中的成本支出，提高品牌营销行业的工作效率，进而达到促进品牌营销行业快速发展的目的。

05 降本增效：助力企业提升营销效能

与大型企业相比，中小型企业存在营销资金少、营销节点少等问题，难以支付起一些优质的广告公司的营销服务费用，因此难以找到合适的广告公司来完成营销工作。

一般来说，中小企业解决营销需求的方式主要有三种，一种是组建营销市场部来完成营销工作，一种是选择微型广告公司来完成营销工作，还有一种是以外包的形式将营销工作交给小微型广告公司或自由营销人员来完成。但由于中小企业能够用于营销的资金较少，因此无论使用以上哪种方法，最终的营销效果可能都难以达到营销行业的平均水平。

AIGC工具的广泛应用为中小企业带来了新的营销思路，AIGC能够像专业营销人员一样生成较为优质的营销内容，中小企业可以从AIGC生成的营销内容中获取营销方面的灵感和专业指导，进一步提高自身在营销方面的能力和专业度，同时AIGC的应用也能帮助中小企业减少营销成本支出，真正实现降本增效。

未来，将会有大量资金有限的中小型企业选择使用AIGC工具来完成营销工作，AIGC工具有望迅速占领广告营销市场，并挤压小微型垂直广告公司和普通自由营销人员的生存空间，同时营销行业还会出现更多的垂直细分工作，许多广告公司和自由营销人员会积极适应市场变化，对自身的业务进行细分。由此可见，AIGC的发展和应用能够有效促进营销行业快速发展，但同时也会对营销行业分工的进一步细化造成阻碍。

因此，小规模、细化业务是广告公司未来的发展趋势，打造个人IP是自由营销人员未来发展的必经之路。随着AIGC的发展和应用，大量缺乏市场竞争优势的小型广告公司和自由营销人员将会被营销行业抛弃。

目前，AIGC和ChatGPT的应用范围较小，普及程度较低，但发展速度极快，未来，AIGC和ChatGPT可能会成为影响人们生产生活的重要工具，并带领人们开启元宇宙时代。对品牌和营销行业的从业人员来说，AIGC和ChatGPT的发展和应用为其带来了新的机遇和挑战，品牌和营销行业的从业人员需要紧抓AIGC和ChatGPT带来的机遇，并积极应对AIGC和ChatGPT带来的挑战，将AIGC和ChatGPT转化为自身发展的动力。

第 11 章

AIGC+ 建筑：智能建筑全生命周期管理

01 智能设计：AI 识别、分析与优化

2022 年 3 月，Discord 社区推出人工智能绘画工具 Midjourney，并迅速获得了大量关注；2022 年 11 月，美国 OpenAI 研发出机器人聊天工具 ChatGPT，并凭借强大的信息整合能力和对话能力成为各行各业讨论的热点话题。这些人工智能相关技术的落地应用也在技术上为建筑 AIGC 的发展提供了助力。在 AIGC 发展初期，文本和图像是其采用的主要数据格式，因此，建筑设计人员可以利用 AIGC 技术来编码或解码建筑中的文本信息和图像信息，并对各个节点中的数据信息进行记录。

对建筑中的数据信息进行编码和解码就是建筑语义提取。具体来说，2015 年左右，建筑领域和人工智能领域开始展开对文本到图像的研究，到 2022 年，各类相关技术快速发展，相关应用也逐渐成熟，OpenAI 的 DALL-E 2、Google-Brain 的 Imagen 和 Stability AI 的 Stable Diffusion 等工具均应用了 CLIP，这些图像生成工具所生成的图像与照片和人类绘画之间的差距也在逐渐缩小。CLIP 中融合了 Transformer 文本编码器，能够通过对比的方式判断图像和文本在语义向量方面的相似性，并以文本的形式来呈现图像。

在建筑领域，人工智能发挥着十分重要的作用，尤其是在建筑设计方面，建筑设计涉及环保性、美观性、实用性等多方因素，因此设计师需要与客户进行

有效沟通，并在了解客户需求的基础上对设计方案进行优化，同时也要充分考虑国家政策的要求，及时掌握市场需求变化，通过实时检测来发现设计方案中存在的不足之处，并从不同的角度进行完善。

具体来说，建筑设计中所使用的人工智能技术主要包括AI识别、AI分析和AI优化，如图11-1所示。

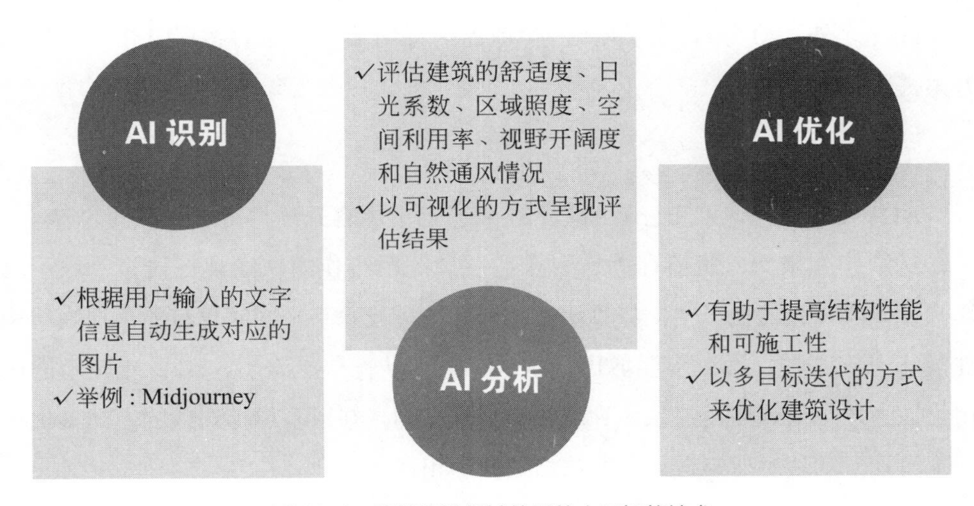

图 11–1　建筑设计领域使用的人工智能技术

（1）AI 识别

2022年3月，David Holz在Discord社区上公开发布了一款名为“Midjourney”的AI绘画工具，该应用能够根据用户输入的文字信息自动生成对应的图片，为用户提供智能化的图像生成服务。随着人工智能的热度逐渐升高，许多设计师也开始使用Midjourney来进行建筑设计。

例如，2022年5月，马德朴（Matiasdel Campo）和丹尼尔·库勒（Daniel Koehler）等建筑设计师对外公开了使用Midjourney设计的作品；扎哈哈迪德建筑事务所（Zaha Hadid Architects）使用CLIP将文本信息转换成了语义向量，并通过对两个语义向量的对比实现了对遗传算法的升级优化。

（2）AI 分析

AI分析技术可用于设计住宅、商场等民用建筑，具体来说，建筑设计人员可以利用AI分析技术对建筑的舒适度、日光系数、区域照度、空间利用率、视野开阔度和自然通风情况进行评估，同时AI分析技术的应用也能以可视化的方式呈现评估结果，为建筑设计人员全方位了解建筑的实际情况提供方便。

除此之外，AI分析工具还具有价值评估等功能，能够为客户量化分析项目方案提供帮助。

（3）AI 优化

AI优化就是在识别和分析的基础上将当前的内容升级为更加优质的内容。

从结构上来看，机器训练模型在经过训练后可作为快速评估器，并用于对算法设计的升级优化当中，将算法设计提升至最佳水平，同时也有助于提高结构性能和可施工性，最大限度地优化解决方案。从操作上来看，AI优化技术的应用可以为建筑设计项目提供多种组件和数据结构，并以多目标迭代的方式来优化建筑设计，实现对建筑设计方案的高效验证和评估。

02　智能检测：计算机视觉的应用

计算机视觉就是利用摄像机和电脑等机器来感知外部环境，采集图片和视频等二维信息，并将这些二维信息处理成三维信息。目前，计算机视觉技术已经被广泛应用于航空航天、医疗诊断、土木建筑等多个领域当中。

计算机视觉技术的应用革新了结构施工质量监测方式。一般来说，大多数建筑通常采用钢结构或钢筋混凝土结构，为了确保建筑结构的安全性，建筑人员在建筑施工过程中需要加强质量控制，及时发现并处理建筑中存在的问题。计算机视觉技术能够通过图像捕捉的方式采集建筑施工场景信息，并快速识别建筑结构表面的损伤。不仅如此，图像特征分析和提取算法在建筑结构施工质量检测中的应用也能够有效避免人为因素对检测工作的影响，可以大幅提高检测的自动化和智能化程度，从而确保检测结果的准确性和可靠性。

具体来说，建筑结构施工质量检测主要包括以下两项工作：

（1）钢结构焊缝连接质量检测

钢材焊接工作具有复杂度高的特点，且影响最终完成质量的因素较多，某一项或几项因素的变化都可能会导致钢材焊接出现咬边、焊瘤、弧坑、焊缝尺寸不合等问题，进而影响建筑的美观度，甚至造成恶性安全事故。计算机视觉技术具有精度高、灵敏度高等优势，能够在不接触钢结构的情况下识别出钢材焊接问题，因此建筑行业常使用计算机视觉技术来完成焊接质量检测工作。从焊点不合格检出率上来看，基于计算机视觉技术的智能检测的检出率远高于人眼检测，公开数据显示，人眼检测的检出率为65%，而智能检测的检出率能够达到98%以上。

建筑行业通常采用线性结构光测量和被动视觉的方式来对建筑物钢结构上的焊缝进行测量和检测。具体来说，在焊缝尺寸测量方面，建筑行业的测量人员可以利用激光发射器向建筑钢结构的焊缝发射结构光，并借助摄像机来采集投射在建筑钢结构焊缝表面上的结构光，再通过对采集到的结构光的进一步处理来获取建筑物钢结构焊缝的三维坐标和形状等信息，进而得出准确的焊缝尺寸数据。在焊缝缺陷检测方面，建筑行业的检测人员可以利用被动视觉测量技术来从工人的角度检测焊缝表面缺陷，采集焊缝表面信息。

（2）混凝土结构表面裂缝识别

混凝土是一种以水泥为凝胶材料，以砂、石为集料的工程复合材料，通常由建筑施工人员将各类材料按照一定比例混合搅拌而成，因此当建筑施工人员出现水灰配比失衡、颗粒级配比不规范等失误时，混凝土的质量也将无法得到保证，不仅如此，使用存在质量问题的混凝土还可能会降低浇筑效率，甚至影响养护温度，导致混凝土开裂，影响建筑结构的稳定性，造成安全事故。

随着以计算机视觉为基础的结构裂缝监测技术的快速发展，相关研究人员对这项技术的研究也越来越深入，现阶段，部分研究人员开始将图像处理和机器学习等技术运用到对结构裂缝的提取和分析当中，力图借助技术手段来推动结构裂缝检测升级。以计算机视觉的方式采集结构裂缝检测数据存在噪声大的问题，导致检测结果的可使用性较低，因此相关人员在此基础上充分发挥深度学习算法的作用，利用融合了深度学习算法的计算机视觉检测工具来对不同场景中的建筑结构裂缝进行检测，大幅提高裂缝检测的精准度。

03 智能施工：3D 扫描 +BIM+ 智能装备

在建筑的施工过程中，AIGC相关应用也能够大幅提升建筑施工的智能化程度，有效减少施工失误，充分确保施工安全。

（1）3D 扫描：创造建筑的数字世界

基于激光测距的3D扫描技术能够像全站仪一样快速采集物体表面的点的各项信息并将其以点云数据的形式呈现出来。在建筑施工过程中，施工人员可以利用3D扫描技术来实现对建筑表面的点的自动化测量，提高测量速度，除此之外，还可以通过点云数据来获取制造误差、施工误差和结构变形等建筑施工相关数据信息，以便充分了解被扫描建筑当前的实际状态。

具体来说，在建筑施工领域，3D扫描技术主要应用于以下几个环节，如图11-2所示。

图 11-2　3D 扫描技术在建筑施工领域的主要应用环节

①深化设计

3D扫描技术的应用能够通过调整土建点云模型来实现对建筑信息模型（Building Information Modeling，BIM）的优化，并在此基础上对机电和幕墙等设备设施进行深化设计，从而在最大限度上避免由施工误差造成的结构碰撞，充分确保建筑施工安全。

②变形监测

建筑施工人员可以利用3D扫描技术按照一定的周期对建筑进行扫描，并通过扫描来采集建筑结构在不同时间的几何信息，实现对建筑物结构的基坑沉降监测、建筑变形监测、挡土墙位移监测等变形监测，以便及时掌握建筑物结构的变形情况。

③质量检查

建筑施工人员可以通过分析点云模型和BIM模型之间的差别的方式来发现建筑结构和图纸之间的不同之处，并计算出二者之间的差距，进而实现基于3D扫描技术的建筑物质量检查，不仅如此，建筑施工人员还可以利用高精度的3D扫描来检查外保温系统等建筑结构，以便及时发现其中存在的缺陷并进行处理。

④进度控制

3D扫描技术可用于工程量统计工作，同时3D扫描技术与BIM模型的融合应用还能帮助建筑施工人员进一步明确各个施工阶段的工作量，因此建筑施工人员可以通过使用3D扫描技术按照一定的周期对建筑进行扫描的方式来实现对建筑施工进度的有效控制。

⑤结构改造和修复

3D扫描技术具有BIM建模功能，因此即便没有建筑物的结构设计图纸，建筑施工人员也可以通过使用3D扫描技术对建筑物的结构进行激光扫描的方式来构建建筑物结构的BIM模型，并根据该模型来展开结构改造和修复工作。

（2）智能机械：工厂与现场的双重革命

建筑智能装备具有自动化的特点，能够在计算机程序的引导下自动完成建筑施工工作，也能遵从工作人员的指令自动完成各项施工任务，进而为相关工作人员的工作提供方便，减轻工作人员的工作压力。具体来说，建筑智能装备通常被用于以下几项工作：

①预制构件制造

预制构件的生产制造环境较为简单，几乎没有限制智能制造技术应用的因素，因此智能装备和智能机器人可用于预制构件的生产制造工作，提高预制构件制造的智能化水平和自动化程度。

以郑州宝冶钢结构公司的5G智能工厂为例，该工厂将大数据、物联网、BIM等多种先进技术融入生产线的各个环节，且已经完成了对生产线的智能化改造，能够以智能化、自动化、无人化的方式高效完成各项钢结构部件的生产制造工作，并为厦门新会展中心项目提供了40万件钢结构部件，充分满足了项目建设对钢结构部件的需求。

②施工机械改造

为了降低工人在建筑施工时的机械操作难度，提高施工速度，建筑行业需要推动工程施工实现自动化，因此相关研究人员需要充分发挥物联网、人工智能、BIM等先进技术的作用，提高推土机、挖掘机、压路机、装载机等设备的智能化程度，并在各类建筑设备中装配自动控制板块，提高施工机械的自动化程度。

以韩国迪万伦公司的ConceptX智能解决方案为例，该方案指出可以综合运用信息通信（Information and Communications Technology，ICT）和人工智能技术来提高建筑施工的智能化程度，并利用智能化的施工机械来提高施工速度，提高建筑施工的安全性，降低施工成本，进而充分满足客户在价值创造方面的要求。

04　智能运维：基于数字孪生的运维平台

建筑运维管理存在数据量大、数据难流转、子系统数量多、子系统协同性差、事后处理难等问题，导致相关人员需要将大量时间和成本花费在对建筑物的运维和管理当中，而管理不当等问题还可能会影响建筑的使用寿命，对建筑资产造成损坏，这进一步增加了运维管理难度，因此建筑行业亟须找到一种行之有效的建筑运维管理方式。

数字孪生技术的应用提高了建筑的信息化程度，有助于建筑行业革新建筑运维管理模式。建筑行业的相关人员可以利用数字孪生技术来加强对建筑数据的挖掘和应用，并以智能化的方式破除数据壁垒，以便充分利用各项多元异构数据来优化建筑运维管理。

数字孪生技术可以根据现实世界中的物理实体的各项数据在虚拟世界中构建相应的数字模型。基于数字孪生技术的数字模型与现实世界中的物理实体在各个方面都存在一一对应的关系，且具有演化性，能够持续获取来自物理实体的各项信息数据，并据此对自身的状态进行实时调整，确保自身与物理实体之间的一致性，从而实现在虚拟世界中呈现物理实体产品的整个生命周期过程。

以数字孪生为技术基础的智慧平台具有立体感知、可视化管理和高效运维等特点，能够在建筑运行过程中提供高质量的管理服务。融合了数字技术的数字建筑能够高效整合和处理大量建筑信息，如设备管理信息、故障处理信息、物业运营信息、消防应急信息和空间位置特性等，进而帮助管理人员全方位提高建筑运维管理效率。不仅如此，建筑运维方式也由按专业分别运维转变为使用智慧运维平台统一运维，这有效增强了强电、弱电、暖通、安保、给排水等各个系统之间的协调性，也大幅提高了各个系统的工作效率。

一般来说，融合了数字孪生技术的智慧平台可以在以下几个方面发挥重要作用：

（1）建筑节能

融合了数字孪生技术的智慧平台能够实时采集和处理建筑中的分类能耗、

区域能耗、逐时能耗、逐日能耗、性能系数（coefficient of performance，COP）等各项与能耗相关的数据信息，并对这些数据信息进行可视化分析，以便建筑人员通过数据分析来及时发现问题，并加强防范，同时智慧平台也能在数据层面为建筑行业统计能耗数据、减少能源消耗和降低碳排放量提供支持。

（2）应急感知

融合了数字孪生技术的智慧平台具有定位功能，能发现建筑中装配的可以识别图像信息的视频设备，也能实时采集这些视频设备中的监控画面和历史视频，并充分发挥人工智能技术的作用，提高自身在应急感知方面的智能化程度，以便在感知到异常情况时及时采取合适的措施进行警告处理，充分确保建筑物内部的安全性，同时也能大幅提高安防效率，降低安保人员的工作压力。

（3）人居环境

融合了数字孪生技术的智慧平台可以通过装配在建筑物中的物联网传感器来实现对温度、湿度、二氧化碳浓度以及空气中的细颗粒物浓度的实时监测，也可以从不同的角度、不同的层级来展示建筑物中的环境，帮助处于建筑中的人全面掌握建筑物中的空气质量等环境信息。不仅如此，智慧平台还可以在环境数据异常时及时调节，充分确保建筑物内部环境的舒适性。

（4）物业管理

融合了数字孪生技术的智慧平台可以高效整合并分析大量数据信息，如物业经营信息、运营数据、设备数据和资产数据等，并为物业管理人员的经营决策提供数据层面的支持，同时智慧平台也能够为用户提供信息查询、访客预约、会议室预约等多种服务，这既能够为用户的工作和生活提供方便，也能够提高资产价值和用户黏性。

第四部分

AIGC 与 ChatGPT

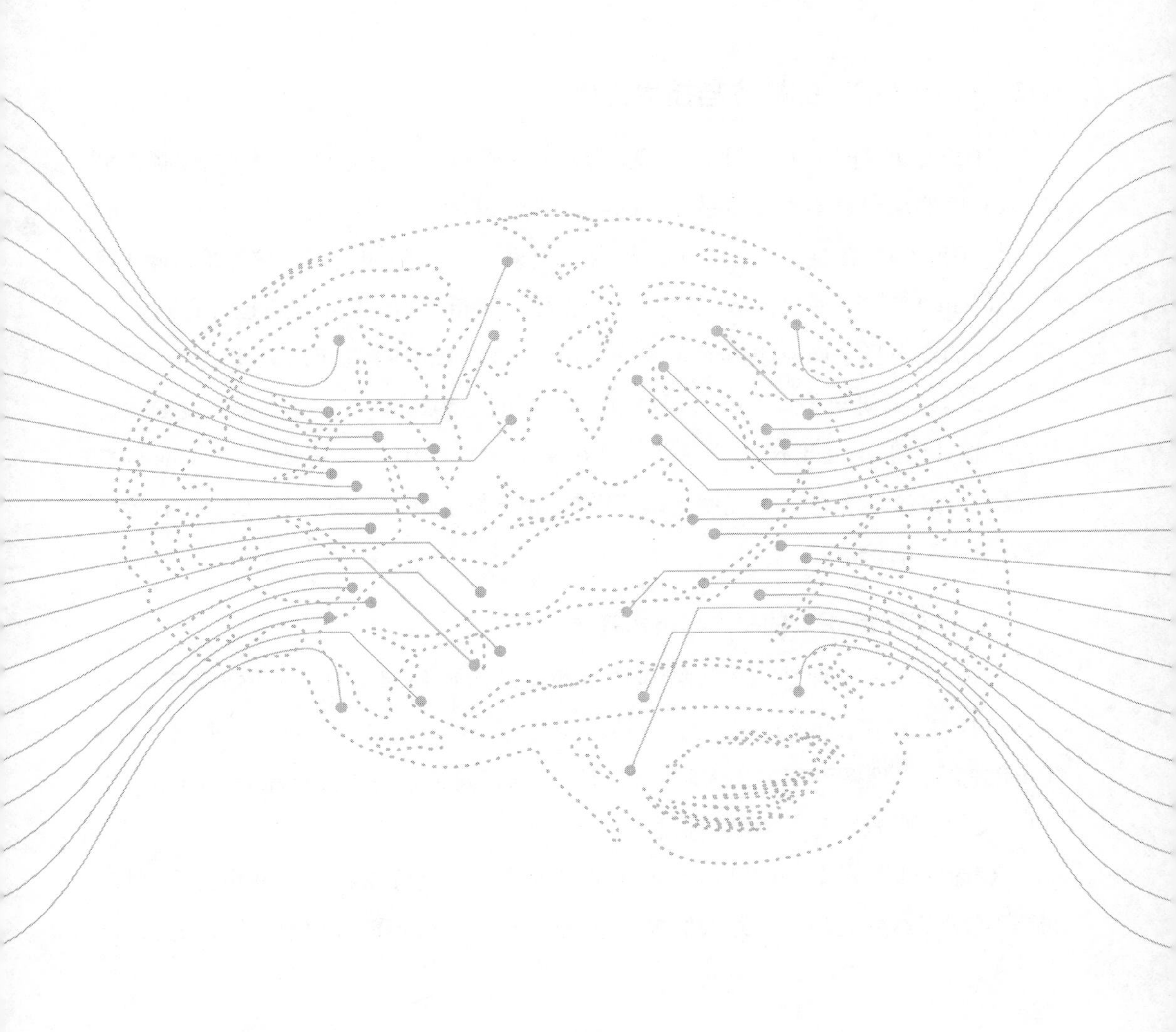

第 12 章 ChatGPT：引爆 AIGC 革命的现象级应用

01 ChatGPT 的概念与技术优势

2022年11月30日，美国人工智能公司OpenAI正式发布ChatGPT，该聊天机器人程序的用户量增长速度极快，OpenAI的CEO山姆·阿尔特曼（Sam Altman）表示，ChatGPT在发布后的5天时间内就积累了100万用户，而截至2023年1月末，ChatGPT的月活用户数已经达到1亿人。ChatGPT的发展速度已经远远超过了以往的所有互联网应用，但大多数人并不了解ChatGPT的应用原理。

根据IT调研与咨询服务公司Gartner发布的“2022年新兴技术成熟度曲线”，生成性AI目前正处于技术萌芽期，且在未来的5 ~ 10年将发展成熟。ChatGPT的蓬勃发展实际上在一定程度上印证了Gartner将生成性AI列为“2022年五大影响力技术”的论证。

（1）ChatGPT 的概念与技术基础

ChatGPT是一种基于人工智能技术的自然语言处理工具，能够理解和学习人类的语言，并在人们提出问题后快速整合相关信息生成有效答案。具体来说，ChatGPT可以理解不同的语言和语言习惯，通过网络采集、分析和处理科学、历史、文化、娱乐等各个领域的信息。

ChatGPT融合了深度学习、机器学习等技术，且可以利用数据集进行训练，能够实现文本生成功能，为人们提供聊天问答、语言翻译、摘要生成等服务，同时也可以根据用户输入的信息生成文本建议，并在此基础上提升自身的自然语言处理能力，以便更好地完成各项自然语言生成任务。

ChatGPT之所以能够在短时间内便吸引众多目光和好评，主要的原因就在于其使得人机之间的对话更加自然流畅、富有逻辑性，使得机器更具有人性化。而ChatGPT主要的技术基础在于：

- 为了具有强大的语言理解能力，以LLM（Large Language Model，大型语言模型）为基础；
- 为了使得LLM能够更好地理解不同的指令，加入RLHF（Reinforcement Learning from Human Feedback，基于人类反馈的强化学习）对预训练语言模型进行调整；
- 为了提高输出信息的价值和准确度，添加多重判断标准。

（2）ChatGPT的技术优势

与其他AI机器人相比，ChatGPT具有更强的语言能力，能够实现更加复杂的语言问答。图12-1为ChatGPT的概念、技术基础与技术优势等。具体来说，ChatGPT的技术优势主要体现在三个方面。

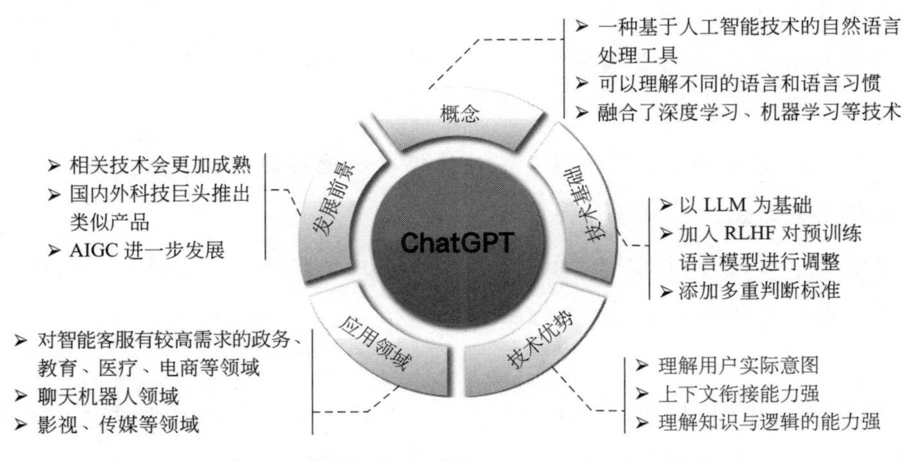

图12-1 ChatGPT的概念、技术基础与技术优势等

①理解用户实际意图

ChatGPT能够精准理解用户意图，并针对用户的意图给出条理分明、逻辑清晰的答复，而不是像其他AI机器人一样作出一些文不对题的回答。

②上下文衔接能力强

ChatGPT不仅能够回答用户的一些提问，还能根据用户提出的问题以及自身给出的答案等信息进行上下文理解，不断回答用户追问的问题，充分满足用户的需求。

③理解知识与逻辑的能力强

ChatGPT不仅能够回答用户提出的问题，还能根据问题生成具体的解决方案和详细的操作步骤。除此之外，ChatGPT还能够在网络中广泛采集各类知识和信息，并利用自身强大的逻辑能力解释、编写或修改程序代码。

作为一款AI技术驱动的自然语言处理工具，ChatGPT能够主动学习人类的语言、准确理解人类的语言，并根据语言情境与人类个体进行对话，而这也使得其拥有广泛的应用场景，比如主题建模、信息检索、智能客服、聊天机器人等与自然语言交互相关的领域，都能有ChatGPT的用武之地。而且，随着ChatGPT相关技术的进一步成熟，其能够开拓出更多的应用领域，比如：

- 在对智能客服有较高需求的政务、教育、医疗、电商等领域，ChatGPT能够结合具体的行业特点等，与用户进行沟通，精准高效地回答用户的疑问；
- 在聊天机器人领域，ChatGPT不仅能够准确理解用户的需求，而且能够予以恰当的回应；
- 在影视、传媒等行业，ChatGPT可以承担内容记录、文案策划、采访沟通等任务，有效降低行业所需的人工成本。

随着ChatGPT应用范围的进一步扩大，其相关技术必然更加成熟，这也就意味着其能够从技术层面推动AIGC的发展。随着ChatGPT在社交网络上热度持续升温，国内外科技巨头也纷纷宣布即将推出类似产品，例如谷歌推出AI聊天机器人Bard，百度推出基于文心大模型开发的聊天交互应用文心一言。

02　ChatGPT 的主要应用场景

ChatGPT可以像人类一样与用户讨论各种话题，与以往的智能应用相比，其最大特点在于能够连续对话，能够理解用户提出的大部分问题（包括复杂难题）并作出准确、专业的回答，还可以主动向用户提出疑问，或拒绝用户的请求。此外，ChatGPT能够撰写邮件、协助写代码等。

可以说，ChatGPT的发布在人工智能产业发展中有着里程碑意义，它标志着AIGC进入了产业化阶段。根据商业咨询机构Acumen Research and Consulting预测，2030年AIGC行业相关市场规模将达到1100亿美元。同时，AIGC的快速发展将带动芯片、高性能网络等相关行业的发展，训练数据的存储与供应也是AIGC产业的重要发展方向。

总的来说，ChatGPT对于AIGC的推动作用主要体现在：ChatGPT所使用的GPT模型将语言理解与语言生成顺畅连接，能够为AI代码生成、AI文本生成等领域的发展提供重要的技术支撑；而AI代码生成、AI文本生成等领域的发展则能够进一步促进AI音频、AI视频、AI游戏以及AI绘画等诸多相关领域的发展，使得AIGC能够快速渗透到游戏、音频、视频等不同场景中，如表12-1所示。

表12-1　AIGC 的主要应用场景

模态	应用场景	应用行业	公司 / 产品
文本生成	营销文案、智能客服、新闻撰写、NPC 等	营销、游戏、社交、传媒等	澜舟科技、彩云小梦、小冰岛等
音频生成	语音播报、音乐生成、有声读物等	传媒、金融、医药、音乐等	剪映、倒映有声等
图像生成	图像生成、图像调整	传媒、影视等	谷歌、英伟达等
视频生成	视频剪辑、视频生成、添加特效	营销、影视、游戏等	影谱科技、剪映、Meta 等

（1）文本生成

文本生成是ChatGPT的最大技术优势，同时也是其最主要的功能。它可以通过输出文字与用户进行交互，有着广泛的应用场景，比如：

- 智能创作。ChatGPT 已经具备较强的写作能力，用户只需要输入简单的创作要求或关键词，ChatGPT 就可以完成邮件、小说、新闻稿件、视频脚本等内容的写作，甚至能够撰写论文、研究报告等专业学术文本。
- 聊天问答。ChatGPT 可以像人类一样与用户互动聊天，甚至可以成为一本能够与人类对话的“百科全书”，它可以针对用户的疑问点或请求，调用自身知识储备，快速组织答案，同时也能够在游戏 NPC 模拟、客服服务等场景中发挥作用。
- 搜索引擎。比聊天问答更进一步的是，ChatGPT 可以发挥搜索引擎的功能。不同于传统搜索引擎中的“搜索框”，用户可以通过直接与 ChatGPT 对话完成搜索，同时也不需要再打开多个页面，整合所需信息，ChatGPT 可以自动完成相关有效信息的整合。这一功能将对传统的搜索引擎开发商造成冲击，微软与 OpenAI 合作，将 ChatGPT 集成到旗下的“必应”（Bing）搜索引擎中，可以以聊天形式直接回复用户搜索结果。

（2）代码生成

ChatGPT除了进行日常聊天问答外，还可以完成代码编写、程序漏洞查找等工作。用户可以输入相关需求场景和希望实现的功能等信息，ChatGPT就能够给出相关代码，并能够针对具体功能细节进行调整优化。由此，ChatGPT可以大幅提高用户的编程质量和效率。

随着ChatGPT功能的完善，它能够越来越多地取代人类的工作，不仅对一些技术含量较低的重复性劳动岗位造成冲击，甚至可能影响到新闻记者、程序员等职业。但是从另一个角度看，ChatGPT的认知必然来源于人类已创造出的成果，实际上难以超越人类自身的智慧和创造力。ChatGPT可以作为高效、便捷的辅助工具，帮助人们完成更多有难度的工作。

（3）音频生成

目前，音频生成已经广泛应用于文字语音播报、有声读物制作、内容配音和语音客服等场景中，同时也逐渐引入到辅助设计、医疗等行业。如果将ChatGPT的文字语言创造模型引入音频生成，将有望实现人类与AI机器人的语音交互。

（4）图像生成

随着用户对ChatGPT应用能力的测试与挖掘，有人已经注意到该应用有着与AI绘图模型跨模态合作的潜质。比如，有一位用户要求ChatGPT写一段描述女孩的文案，然后基于这一文案画出了女孩的图像。除了图像生成，ChatGPT无疑可以为平面设计师、插画师等艺术家提供创作灵感。

微软的数据显示，ChatGPT的深度学习模型GPT-3.5在微软Azure AI超算基础设施上训练时，所消耗的总算力约3640PFlop/s-day，即按照每秒一千万亿次计算，需要运行3640天。在2023年2月ChatGPT的用户量超过1亿后，其网页多次出现因负载过大而无法进入的情况。在未来，随着AIGC应用的发展，其模型训练、运营所需的算力将呈指数级增长，高性能芯片和网络等基础设施将成为庞大算力资源的重要支撑，同时也是海量训练数据传输与交互的基础条件。

03 ChatGPT目前存在的缺陷

ChatGPT虽然具备了令人赞叹的逻辑思考能力和交互能力，但并不能算一款成熟的应用，还有诸多需要改进之处，例如答案准确性有待提高、答案重复、回答内容对语料库的依赖较大等问题。出现这些问题的原因主要有：

- 强化学习过程中的数据缺失，模型无法找到可供参考的答案；
- 训练模型的谨慎度较高，在规避其他违规内容风险的过程中出现了“误伤”，可能拒绝原本可以正确回答的问题；
- 有偏差的训练数据对模型造成误导，导致信息失真。

另外，ChatGPT还无法像人类一样基于现有信息实时更新认知，也无法进行预测判断，其学习的训练数据有可能是过去式的、落后的。这些都反映出其AI模型的智能化有待提高。

另一方面，AIGC仅仅是一个问答交互工具，它无法揣摩用户提问背后的用意，可能被恶意利用；它也无法自主判断所学内容是否符合人类正向的价值追求，仍然可能学会一些不道德、不合规或带有偏见的答案。因此，人工智能安全问题、伦理性问题还有待解决。除此之外，用于ChatGPT模型训练数据的版权问题、ChatGPT生成内容的著作权问题等，都需要建立合理的机制进行规范。

下面我们分别从技术与应用两个层面来简单分析ChatGPT目前存在的不足。

①技术层面

虽然ChatGPT一般情况下能够真正像人类一样沟通交流，但其在依赖性、重复率、精准性等方面仍然需要进一步改善：

- **技术方面**：ChatGPT 仍然依赖 LLM，因此其也具备此类模型的常见问题，有时可能会答非所问或者输出错误的回答；
- **使用场景方面**：ChatGPT 基于其训练数据，有时在比较长的对话情景中会重复强调某些内容，致使表达不够智能化；
- **学习机制方面**：ChatGPT 的语言理解和生成能力基于其对于数据量、语料库的抓取、学习和训练，这也就使得其可能难以充分获取即时提供的信息并对这些信息进行分析和预测，无法真正像人类一般具有举一反三的能力。

②应用层面

在具体的应用过程中，由于ChatGPT会面临各种复杂的应用场景，因此其必然会面对与知识产权、伦理约束等相关的法律问题，比如：

- ChatGPT 基于人类反馈的强化学习模式使得其在大量的学习和训练中不可避免地会接触到一些不符合道德标准或存在偏见的内容，而且如果用户的提示错误引导了 ChatGPT，则有可能使得其输出的结果存在道德、伦理或法律方面的瑕疵或问题；

- ChatGPT 的工作模式使得其能够在多线性工程、统计、大规模计算、数据处理等与数据分析相关的领域均能够比人类的表现更加出色，但在以感知和创新等为主的活动中，机器却难以发挥得更好，其信息处理方式也使得 ChatGPT 输出的内容可能面临知识产权、创作伦理等方面的风险。

以上面提到的第二点来说，实际上ChatGPT已经具有了一定的创造性，它能够在用户的引导下“创作”出诗歌、小说等文艺作品，也可以进行编程等存在创造创新性的活动。因此，不少人曾表现出担忧，认为其将会对某些行业造成一定的冲击。但具体到ChatGPT的创造活动，关于ChatGPT创作的内容是否享有同等的著作权、是否会对创作者及其作品构成侵权等一系列问题均有待进一步探索。

04　全球 AIGC 领域的融资与布局

ChatGPT作为一款典型的文本生成式的AIGC产品，它的走红为AI绘画、AI生成音视频等其他AIGC应用的落地指出了方向。AIGC将有可能成为未来互联网消费的主流，在电商、传媒、影视、娱乐等领域催生出新的商业模式。如今，国内外多款AI绘画软件、AI聊天交互软件、写作助手应用的爆火，也体现出AIGC领域有着巨大的市场潜力，因此许多上市科技公司都加紧布局。

（1）AIGC 领域的投融资情况

据知名科技市场研究机构CB Insights统计，ChatGPT概念领域目前约有250家初创公司，其中51%的融资进度在A轮或天使轮。2022年，ChatGPT和AIGC领域吸金超过26亿美元，共诞生6家独角兽企业，估值最高的就是290亿美元的OpenAI。

根据CB Insights的统计数据显示，近5年来全球AIGC行业整体投融资事件数和金额总体呈现快速上升的趋势，2019年微软向OpenAI投资10亿美元，促使当年全球AIGC行业投融资金额较2018年翻了6倍。此外，行业融资情况反映出“二八分化”定律，业内头部企业获得了大部分融资。2017 ~ 2022年全球AIGC领域的投融资情况如图12-2、图12-3所示。

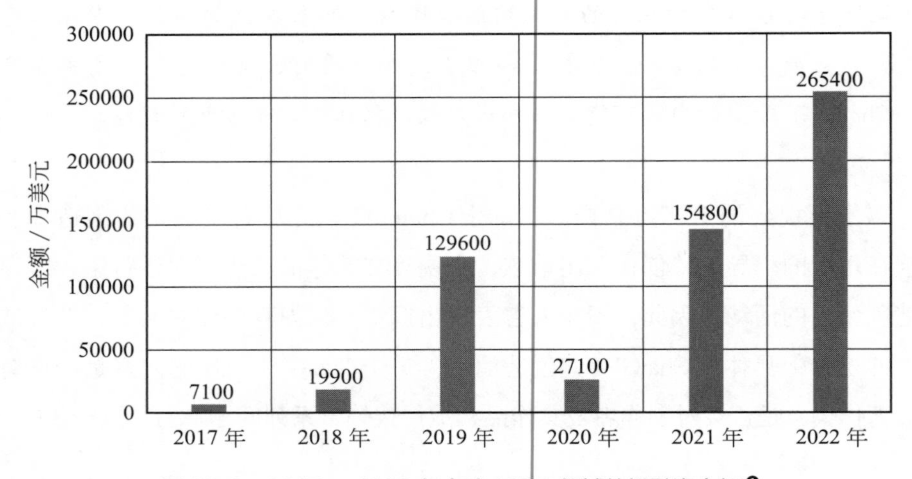

图 12-2　2017 ~ 2022 年全球 AIGC 领域的投融资金额[1]

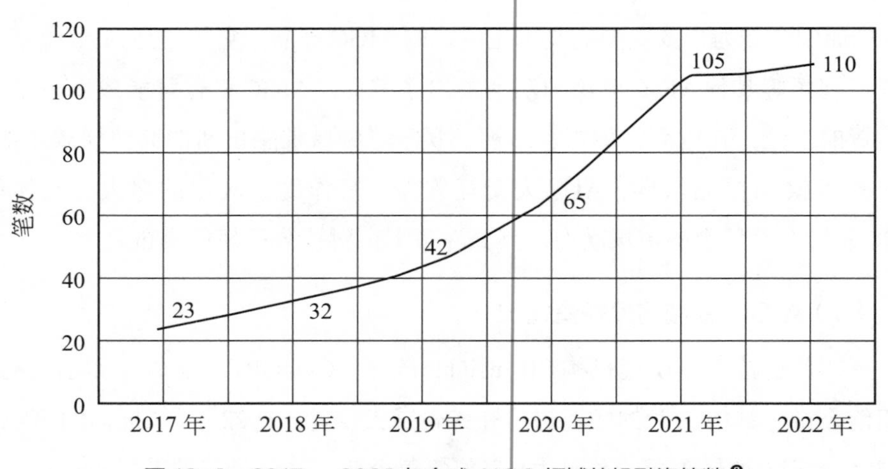

图 12-3　2017 ~ 2022 年全球 AIGC 领域的投融资笔数[2]

❶ 数据来源：36氪研究院。
❷ 数据来源：36氪研究院。

（2）全球科技巨头的AIGC布局

在国外的企业中，最具有代表性的是谷歌。2023年2月6日，谷歌发布了聊天机器人Bard，而这也是目前唯一能够与ChatGPT抗衡的应用，其虽然发布的时间稍晚，但所依赖的技术水平与ChatGPT十分接近。2021年开始，谷歌就已经研发出其语言模型LaMDA（Language Model for Dialogue Applications，用于对话应用的语言模型），而此次推出的Bard实际上也可以看作是LaMDA的轻量级版本。

对比Bard所采用的语言模型LaMDA与ChatGPT所采用的语言模型GPT-3，可以发现它们使用的均是“Transformer+ RLHF”的方式。根据谷歌公开的相关研究资料显示，LaMDA在开发的过程中最在意质量、安全和凭据三大要素，而这也在一定程度上决定谷歌在AIGC的布局方面更加谨慎，并未急于推出Bard。

在国内的企业中，布局更快的依然是百度、阿里、腾讯等基础更为雄厚的“互联网巨头”。由于GPT的开发主要依赖模型、数据和算力，但GPT-3并未开源，因此国内此领域的参与者与OpenAI、谷歌等相比依然在模型结构的设计方面存在不小的差距。目前，进展最快的是百度，其研发的语言模型文心大模型所采用的参数量已经高达2600亿，有望在未来的一到两年时间内达到与GPT-3相当的水平。

目前，部分进入AI绘画、AI写作赛道的头部科技公司已经开始了相关应用商业化落地的尝试，但其应用场景还相对有限，AI模型生成作品的质量、效率还有待提高。在未来，随着基础理论的进步和关键技术问题的攻关解决，AIGC相关的算法模型将进一步优化完善，在模型预训练、训练数据提供、配套软硬件设施支持等方面有可能形成更加细致的分工，大模型、大算力、大数据将成为未来的重点发展方向。

而AI写作、AI绘画等应用所创作的作品可能对细节把控更为精准，作品类型更加丰富；交互类AI的应用场景将进一步拓展，甚至可能不再局限于文字生成，有可能在社会经济生产的其他方面发挥作用。比如，GPT-4除了模型参数量、训练数据规模提高，甚至有望通过图灵测试，而基于GPT-4模型的ChatGPT也许能够完成心理咨询等工作。

第 13 章

核心技术：ChatGPT 背后的工作原理

01 GPT 模型的演变和工作原理

2017年，谷歌发布了一篇名为“Attention Is All You Need”的论文，并在文章中提出了一种基于自注意力学习机制的神经网络模型——Transformers。与其他模型相比，Transformers具有翻译能力强和训练成本低的优势，更适合用来完成各类自然语言处理任务。近年来，科学技术飞速发展，Transformers模型也进一步升级，并逐渐发展出生成式预训练转换器（the Generative Pretrained Transformer，GPT）和基于Transformers的双向编码器（Bidirectional Encoder Representations from Transformers，BERT）这两种新的模型。

ChatGPT是GPT模型与RLHF融合发展过程中产生的自然语言处理工具，具有语言理解能力强和内容生成能力强大等优势，能够增强人工智能的聊天交互能力，提高人机交流的可控性，并充分确保人工智能所生成的内容的准确性。

实际上，ChatGPT所使用的GPT模型经历了不同的技术发展阶段（如图13-1所示），而随着技术的不断改进和成熟，GPT模型所具有的语言处理能力也在不断提升。

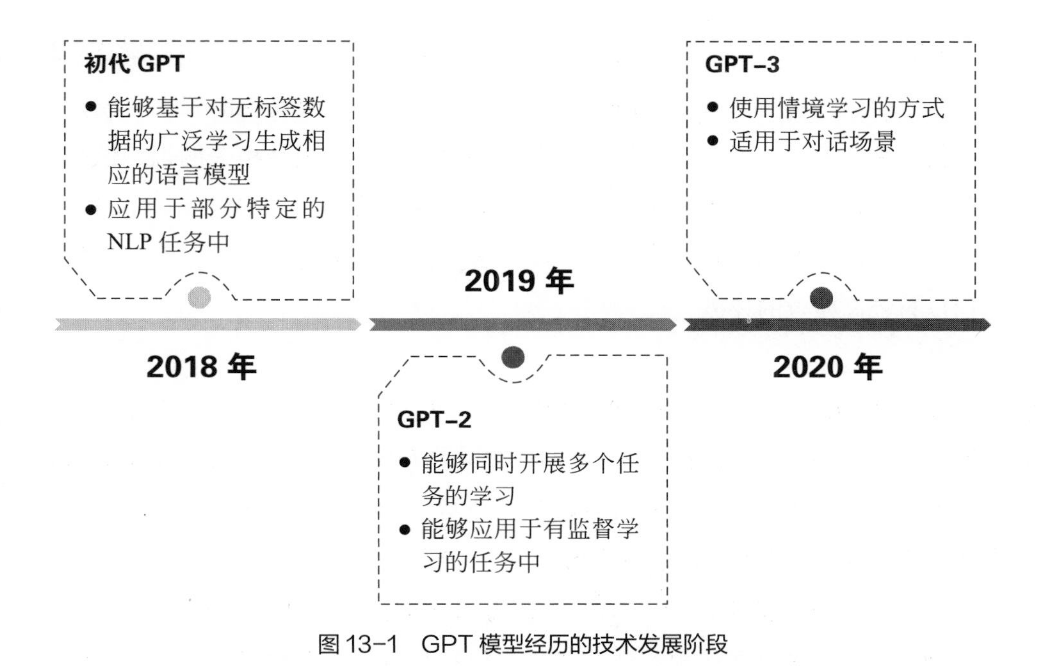

图 13-1　GPT 模型经历的技术发展阶段

- 2018 年，NLP 作为 AI 领域的重要分支刚刚兴起，此时美国人工智能研究公司 OpenAI 便推出了初代 GPT，它能够基于对无标签数据的广泛学习生成相应的语言模型，然后应用于部分特定的 NLP 任务中。
- 2019 年，此时的 GPT-2 已经在此前版本的基础上对数据集和网络参数进行扩展，能够同时开展多个任务的学习，当其对应的数据量达到一定的丰富程度且模型容量比较大时，便能够应用于有监督学习的任务中。
- 2020 年，GPT-3 面世。作为升级后的模型，GPT-3 在训练过程中应用了庞大的数据量和模型参数。与此前的模型相比，它们的共同之处在于采用的均为一致的技术架构；不同之处在于此前的 GPT 模型使用的为大规模数据集预训练与下游数据标注微调相结合的方式，而 GPT-3 使用了情境学习的方式，因此模型具有更强的学习能力和应用价值，更适用于对话场景。

可以说，GPT-3已经具备了极其强大的语言处理能力。在诸如机器翻译、模式解析、问卷作答等传统的NLP任务中，GPT-3不经过调整也能表现得较为出色；在信息检索、文章生成、程序开发等NLP任务中，虽然相关的训练数据不够充足，但GPT-3相比此前的GPT模型也能够取得较为明显的进展。不过，由于GPT-3在推理能力方面还有待进一步发展，因此并不适用于对自然语言推理（NLI）有较高要求的任务。

2022年3月，OpenAI发布语言模型InstructGPT。虽然该语言模型采用的参数量并不算高，但能够基于用户反馈的强化学习和监督学习模式让输出语言保持比较高的质量。比如，当用户向其输入指令后，InstructGPT能够理解并遵循用户的真实意图，排除其他信息的干扰。

与InstructGPT相比，ChatGPT模型则做了进一步改进，它虽然沿用了InstructGPT模型的模型结构和训练流程，但在处理数据和学习方面，它能够更高效地采集和处理数据，并通过监督学习的方式模拟人类个体的学习。因此，ChatGPT模型在理解和遵循用户意图方面的表现也更加优秀。

ChatGPT通过利用语料库进行无监督预训练的方式有效强化了自身在语言理解和内容生成方面的能力。具体来说，ChatGPT的优势主要体现在以下几个方面：

- 从模型架构方面来看，以Transformers为基础架构的ChatGPT具有并行化能力强和长文本处理能力强以及语境理解能力强的优势；
- 从训练数据方面来看，ChatGPT可以利用大量不同类型的数据进行文本数据训练，扩大自身的知识覆盖面，进而提高自身的问题解答能力和生成内容的准确性；
- 从应用范围方面来看，ChatGPT具有语言生成和语言理解功能，能够生成对话、新闻、故事等多种文本类内容，为用户提供多种语言相关的服务。

与其他模型相比，基于自注意力学习机制的Transformers模型能够直接学习训练数据，且具有学习效率高、样本容量大等优势，可以利用大量语言信息和视觉信息进行学习和训练。

02 ChatGPT 与 Transformer 语言模型

对ChatGPT来说，海量的训练数据、广泛的通用性、理解能力强的反馈模型和连续的对话能力是其具备优势的基础：

- 海量的训练数据能够有效扩大 ChatGPT 的训练数据量级，大幅提升模型参数的数据量以及训练的数据容量，使得 ChatGPT 可以在大量训练中不断提升自身在用户意图理解、逻辑分析等方面的能力，进而实现智能化的聊天问答。
- ChatGPT 具有强大的知识体系和广泛的通用性，能够广泛采集各个领域和学科的信息，回答不同领域的各类问题。ChatGPT 的训练并没有专注于某一行业或某一学科的细分领域，而是通过回答各种不同领域的问题来拓宽训练的广度，并借助大量的数据和参数进行训练，进而提高模型的通用性和泛化能力。但大量的数据和参数也为 ChatGPT 带来了高昂的训练成本。
- ChatGPT 能够通过引入标记人员的方式来训练反馈模型，同时也会使用反馈模型来按照人的偏好对 GPT 进行评价，并利用该反馈模型来对 GPT 进行训练，进而实现对用户实际意图的精准理解。
- Transformer 语言模型是 ChatGPT 实现连续对话的基础，该模型主要包括两个组件，分别是 Encoder 和 Decoder。其中，Encoder 在运算时更加注重整体性，会依据上下文之间的联系进行计算，并补足空缺部分的内容；Decoder 在运算时会忽略后侧信息，但更注重对前侧信息的计算。

ChatGPT会将提问中的每一个词以及回答作为下一次输入的内容，在此基础上生成新的Token[1]，并以文字的形式呈现出问题的答案，当用户连续多次进行追问时，ChatGPT会多次重复该过程，直至回答出令用户满意的答案，因此基于Transformer语言模型的ChatGPT能够借助一个个Token实现与用户的连续性交流。

而Transformer模型融合了深度学习算法，能够有效解决传统循环神经网络（Recurrent Neural Network，RNN）的依赖问题，训练输入数据并行化，从而高质高效完成语言翻译、语言建模等自然语言处理任务。传统的RNN需要按时间顺序依次处理各项序列数据，因此存在数据处理效率低的问题，为了提高数据处理效率，用户需要使用以并行的方式来处理序列数据的Transformer模型。基于自注意力学习机制的Transformer模型可以为网络采集信息提供支持，让网络能够在不按时间步顺序的情况下在输入序列中搜寻所需信息。编码器和解码器是Transformer模型的重要组成部分，其中，编码器可以将输入序列转换成连续向量，解码器能够将向量再转换成输出序列。

Transformer是一种具有语言翻译、文本分类、语音识别、意图识别、知识问答等功能的深度学习模型，能够在各种自然语言处理任务中发挥重要作用，为用户提供多种多样的自然语言处理服务。

经过数据训练的ChatGPT 模型能够为用户提供文本分类、文本生成、知识问答等多种自然语言处理相关服务。具体来说，ChatGPT 模型可以根据对用户输入的文本信息的分析来实现对下一个字符和词语的预测，再在下一个时间步输入预测结果，并通过不断重复该过程来生成文本。由此可见，ChatGPT 模型属于自回归生成模型，其生成的文本具有连贯性强、效果好等特点，是各个领域应用的热门文本生成工具。

综上所述，大语言模型是一种大规模预训练语言模型，能够借助以大量文本语料为基础的预训练来强化自身的自然语言处理能力，进而达到提高自然语言处理任务的高效性和准确性的目的。

---

[1] Token：在计算机身份认证中是令牌（临时）的意思，在词法分析中是标记的意思。

ChatGPT是人工智能技术快速发展的产物，在整个人工智能领域有着十分重要的意义，但ChatGPT也存在一些不足。与其他的人工智能产品相比，ChatGPT的各方面的性能都在较短的时间内实现了大幅提升，由此可见，ChatGPT具有更新升级速度快的特点，能够在开发商不断优化、用户数据迅速增长、训练数据日渐丰富的情况下实现高效迭代。

03　RLHF 技术：ChatGPT 背后的算法

ChatGPT依托数以千亿的训练数据积累和强大的算法模型，可以像真正的人类一样与人们互动。用户只需要输入问题或需求，ChatGPT就可以自动完成信息检索、各类文案撰写、视频脚本设定、多语言翻译、代码编写等任务。

ChatGPT与传统的AI交互模型相比，其功能应用、交互性能都更有优势，使得用户的使用体验有了显著提升。ChatGPT不仅可以按照一定的逻辑顺序理解上下文语义，与用户进行连贯的对话，还可以判断并质疑用户提出的不合理问题或假设；遇到不明确的问题，它会反过来向用户提问以确定问题解决思路；同时，针对用户提出的不符合道德伦理或不合法的要求，会“礼貌”地拒绝回答。

与OpenAI此前开发的GPT-3相比，ChatGPT真正变得实用的关键在于引入了RLHF训练方式，通俗地说，这是一种利用人类反馈信号直接优化语言模型来进行强化学习的方法，它使模型的输出结果更为可控，且更加符合预期。RLHF训练框架主要分为三步，如图13-2所示。

图 13-2　RLHF 训练框架

（1）步骤 1：监督调优模型

ChatGPT中融合了非监督学习、监督学习和强化学习等多种机器学习方式，可以先利用海量数据以非监督学习的方式进行预训练，再利用少量标注数据以监督学习的方式进行训练，进一步学习自然语言的规则和模式，进而达到提高精准度的目的。与此同时，标准数据中的标签也能够充分确保训练数据的正确性以及与上下文之间的关系，因此ChatGPT也可以借助以标注数据为训练数据的监督学习来提高自身生成的文本的准确性和连贯性。

（2）步骤 2：训练回报模型

ChatGPT可以在监督学习的基础上进行强化学习，并借助强化学习中的回报模型来获取奖励，同时以具体的奖励值为参考进一步优化模型。回报模型可以在ChatGPT生成流畅性和逻辑性较强的文本时给出数值为正的奖励值，在ChatGPT生成的文本缺乏条理、不具备有效性时给出数值为负的奖励值，因此在回报模型的作用下，ChatGPT生成的文本的质量越来越高，文本的流畅性、逻辑性、条理性都得到了大幅提高。

（3）步骤 3：使用 PPO 模型微调 SFT 模型

ChatGPT中融合了SFT（Structured Fine-Tuning，结构化微调）技术和能够对回报模型进行调整的PPO（Proximal Policy Optimization，近端策略优化）模型，能够实现持续优化。具体来说，SFT技术的应用能够有效强化ChatGPT的性能，帮助ChatGPT在无人类反馈时根据已有的任务和数据集进行自主学习，并对模型进行调整，进而达到强化模型性能的目的；PPO模型融合了强化学习算法，模型在内容生成领域的应用能够帮助ChatGPT优化生成效果。

在性能评估方面，OpenAI将众多标准数据集应用到生成能力测试工作中，利用数据集来评估模型在内容生成方面的性能，并得出了ChatGPT在内容生成方面的性能远超其他自然语言处理模型的结论。不仅如此，OpenAI还为外界提供了经过训练的模型参数和应用程序编程接口，能够让所有用户都可以利用ChatGPT进行自然语言处理，并为整个内容生成领域的快速发展提供助力。除此之外，OpenAI还研发出了具有代码生成功能的Codex。Codex能够利用GPT-3 模型实现从英语描述到代码的自动转换，为代码开发工作提供强有力的支持，达到提高代码开发效率的目的。

总而言之，ChatGPT是一款融合了深度学习算法和自然语言处理技术的聊天机器人程序，能够通过强化学习等方式进行训练，并在此基础上不断强化自身性能，增强模型在不同环境中的生存能力，推动服务走向智能化、高效化和便捷化，从而达到提高服务水平和优化服务体验的目的。近年来，科技水平迅速提高，各类计算工具的计算能力不断增强，数据量爆炸式增长，这都为ChatGPT和RLHF的发展提供了支撑。未来，ChatGPT和RLHF的应用将逐渐深入，应用范围也将进一步扩大，人们将会在ChatGPT和RLHF的快速发展中享受到更智能化的服务。

第 14 章

智慧教育：ChatGPT 重塑传统教育模式

01 AIGC 驱动教育数字化转型

教育行业自然也可以享受技术发展带来的红利，但与其他行业相比，AI在教育领域的应用落地过程更为缓慢，这与教育行业的性质有关。一是教育行业本身非营利的成分较大，对AI的研发投入有限；二是教育行业的参与者众多，个体差异很大，因此应对每个个体的方案有所不同，这是目前的AI难以做到的。此外，人与人之间的沟通、互动、联结是教育的基础，AI研究者们还没有找到有潜力的、有突破性的具体落地场景。但这不代表AI技术在教育领域无用武之地，我们可以积极探索应用方向。

AIGC在教育领域的应用为教育工作者带来了新的教学工具，有助于教育工作者革新教学方法，提高教育的生动性和直观性，进而实现为教育工作者的教学和学生的学习赋能，降低学生学习和理解新知识的难度。

（1）学习者层面：促进优质教育资源共享

我们可以从学习者的角度思考，学习实际上就是我们通过各种手段建立起对世界的认知，这一过程并不是进入学校以后才开始的。我们通过看、听、闻、触等方式接收到的信息，都可能对我们的认知产生影响，而认知过程也会受到阻碍。AIGC对学习者的意义就在于突破这种阻碍，帮助学习者更好地认识世界。

在信息时代，多种多样的信息可以通过互联网迅速分发和传播，教育内容也属于信息的范畴。由此，我们可以将相关内容转化为数字化形式，分发给有需求的学习者，以促进教育资源的流转与共享，这有利于促进教育公平。而AIGC在信息整合方面无疑比人类更具优势，如果将其用于整理、归纳知识体系，制作学习资料，有助于为教育者降本增效，提升学习资源的易用性和丰富度。

目前，已经有部分公司对AIGC在教育领域的具体应用进行探索，例如微软亚洲研究院和华东师范大学合作研发的中文写作智能评阅辅导系统“小花狮”，可以为学生的作文打分，并自动定位写作难点，从文章结构、表达、书写等方面提供优化指导建议。

（2）教育者层面：有效解放教师“生产力”

对于教育者来说，AIGC可以成为一个称手的教育辅助工具，更好地激发学习者的学习热情。从现阶段国内教育形势来看，在某些科目、地区还存在较大的教师需求缺口，师生比有待进一步优化，一位老师带几十位学生的“大班制”还普遍存在，平均每个教师负担的学生多，工作量较大。

AIGC能够辅助教师完成部分琐碎的答疑解惑、批改作业的工作，同时针对学生作业中出现的问题提出改进建议。由此，教师可以有更多时间和精力关注学生的个性化发展，从情感激励、学习习惯培养、交流沟通等方面对学生产生积极影响。此外，AIGC可以依托大数据对学生性格、心理特征、学习状态等要素进行综合分析，为学生的培养方向和发展规划提供参考。

AIGC具有帮助教育者真正实现因材施教的积极作用。尽管目前的应用场景有限，或存在加剧信息茧房的风险，但如果能够在某些方面代替教师更好地完成工作，则有助于教师从繁重的重复性劳动中解放出来去关注更重要的方面，进而促进整体教育水平的提升。

02 ChatGPT重塑传统教育模式

随着科学技术的飞速发展，教育与AI的融合已成为大势所趋，ChatGPT等人工智能技术将在教育领域发挥重要作用，在课程设计、备课、课堂教学、作业测评等方面为教师的教学工作提供方便，同时也为学生学习提供有效帮助。ChatGPT 在教育领域的应用优势和应用方向如图 14-1 所示。

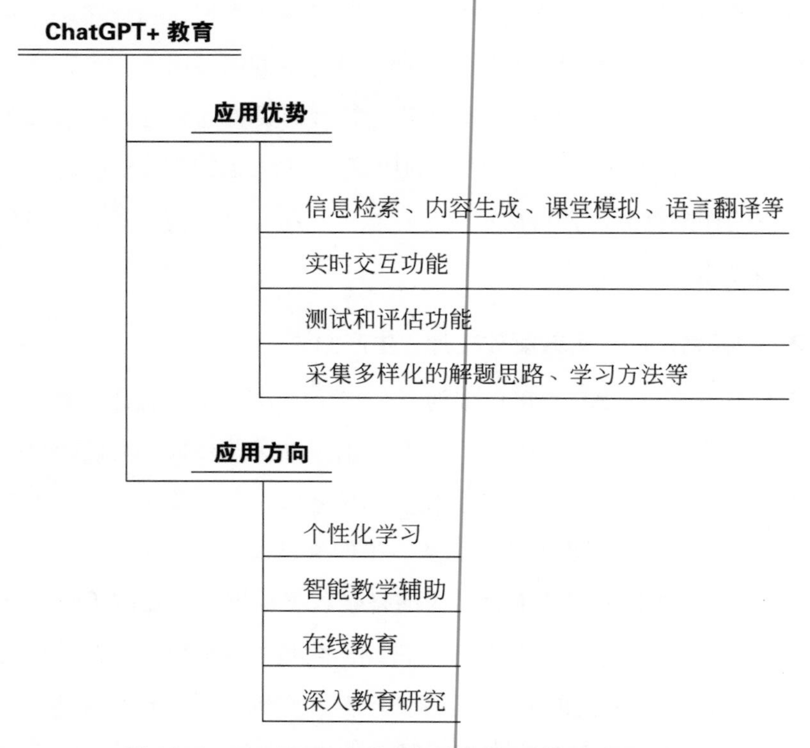

图 14-1　ChatGPT 在教育领域的应用优势和应用方向

（1）ChatGPT 在教育领域的应用优势

a. ChatGPT 具有信息检索、内容生成、课堂模拟、语言翻译等多种功能，能够高效检索教师备课所需的各项信息资料，并生成基本的教学计划，为教师备课和开展教研活动提供方便，帮助教师提高工作效率，节省时间。

b. ChatGPT 具有实时交互功能，教师可以通过 ChatGPT 以直观的方式向学生展示一些难以理解的学习内容，并向学生实时提问，学生也可以借助 ChatGPT 来实时回答问题，为师生之间实现实时课堂交流提供支持，同时也能通过丰富课堂活动和增强课堂的趣味性来提高学生的学习兴趣。

c. ChatGPT具有测试和评估功能，能够通过对作业和考试的评估来判断学生的实际学习情况，为教师掌握学生的学习进度和学习效果提供方便，同时教师也可以根据评估结果优化调整教学计划和教学方式。

d. ChatGPT能够采集多样化的解题思路、学习方法、知识解析和其他信息资讯，为学生理解知识提供方便，同时也有助于学生进行自主学习，让学生能够选择适合自己的学习方法来学习知识，进而达到提高学习效率和学习兴趣的效果。

（2）ChatGPT在教育领域的应用方向

ChatGPT在教育中的应用为教育领域带来了深刻影响，具体来说，ChatGPT在教育领域的主要应用方向如下。

a. 个性化学习：ChatGPT具有信息分析功能，能够通过对学生的学习能力、历史学习情况、实际需求和学习兴趣等信息的深入分析来生成专门的学习计划，学生可以根据ChatGPT生成的适合自己的学习计划进行学习，进而在满足自身学习需求和学习兴趣的同时获得更多的正向反馈，达到提高学习效率和优化学习效果的目的。

b. 智能教学辅助：ChatGPT具有智能化教学辅助功能，能够以自动化的方式完成试题生成、答案生成、作业纠错和个性化反馈等工作，降低教师的工作量，帮助教师提高工作效率和教学质量。

c. 在线教育：ChatGPT具有线上实时交互功能，能够为教师提供线上教育平台，为师生之间在线上的交流提供方便，同时也能为学生提供线上实时答疑服务，为学生学习知识、理解知识和运用知识解题提供帮助，并优化学生的学习体验。

d. 深入教育研究：ChatGPT具有数据分析功能，能够全方位分析学生的学习习惯、行为模式等各项与学习相关的数据信息，为教育工作者开展教育研究工作提供更加丰富、全面的信息资料。

综上所述，ChatGPT在教育领域的应用为整个教育行业提供了多种智能化的教育服务，也为学生的各项学习活动提供了便捷。

03 基于 ChatGPT 的智慧教育应用场景

人工智能技术在教育领域的应用促进了教育体系的创新发展，教育行业应抓住人工智能发展带来的机遇，充分发挥人工智能教育工具的作用实现个性化教学，激发学生的创造力，为教师教学和学生学习提供帮助，从而达到利用人工智能技术为教育赋能的目的。

以人工智能为技术基础的ChatGPT在教育领域的应用主要包括以下几项，如图14-2所示：

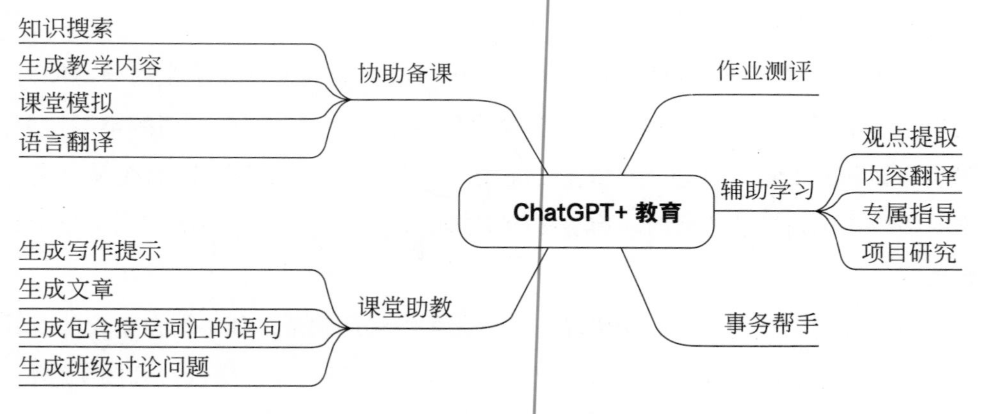

图14-2　基于 ChatGPT 的智慧教育应用场景

（1）协助备课

ChatGPT能够为教师的教研备课工作提供支持。ChatGPT可以根据教学目标、教学内容等信息生成相应的教学计划，并为教师提供通识性和常态化的内容，进而帮助教师节省在备课环节花费的时间，同时也能为教师设计教学方案提供新的思路。

一般来说，ChatGPT在教研备课工作中的应用主要有以下几项功能：

- **知识搜索**：ChatGPT 可以根据输入的问题快速搜索和整合大量相关知识，并生成相应的回答内容。
- **生成教学内容**：ChatGPT 可以根据用户输入的指令信息自动生成相应的教学内容，为教师备课提供充足的教学材料，帮助教师提高备课效率。
- **课堂模拟**：ChatGPT 可以在对话交流的过程中采集学情信息，并通过对学情信息的分析来了解学生的学习情况，根据学生的实际情况进行课堂模拟，从而帮助教师成就优质课堂。
- **语言翻译**：ChatGPT 可以帮助教师将课堂中的内容翻译成其所需的语言，进而为教师备课提供方便。

（2）课堂助教

ChatGPT具有辅助教学的作用，能够作为教师和学生实时交流的平台，为教师和学生共享学习内容提供方便。对教师来说，既可以通过ChatGPT平台对学生进行实时提问、知识分享和课后辅导，也可以从ChatGPT生成的内容中获取课程设计灵感，优化课堂设计；对学生来说，可以通过ChatGPT平台实时回答老师的问题，也可以借助ChatGPT来理解一些复杂难懂的知识。

例如，在英语教学中，ChatGPT可以为教师提供以下几项服务来提升课堂效果：

- **生成写作提示**：ChatGPT 可以根据教师输入的信息自动生成写作提示，为学生写作提供灵感，激发学生的创造力。
- **生成文章**：ChatGPT 可以根据教学进度自动生成与学生当前的学习内容相关的文章，学生可以通过阅读和理解该文章来获取相关知识，并回答相应的问题，而教师也可以通过对学生的回答情况的分析来了解学生对文章的理解情况和对知识的掌握情况。
- **生成包含特定词汇的语句**：ChatGPT 可以根据学生的学习情况生成包含学

生未能完全掌握的词汇的语句，学生需要在阅读该语句时联系上下文内容推测词汇的含义，从而掌握更多词汇。

- **生成班级讨论问题：**ChatGPT 可以根据教师和学生提出的问题生成相应的班级讨论问题，进而提高课堂讨论的丰富性，帮助学生在讨论中学习、在讨论中优化思维。

（3）作业测评

ChatGPT具有评估功能，能够根据实际教学情况自动生成相应的作业测验和考试内容，并为教师评估学生的学习情况提供帮助。具体来说，教师可以将文章输入ChatGPT中，借助ChatGPT生成与文章相关的试题，并利用这些试题来测试学生对文章的掌握情况。

（4）辅助学习

ChatGPT具有辅助学习的作用，能够在学生学习知识和理解知识的过程中为其提供多种多样的解题思路、学习方法和其他信息资讯，增加学习的趣味性，提高学习的个性化程度，让学生能够全方位了解自身的知识掌握情况和学习需求，并在此基础上实现自主学习，帮助学生进一步提高学习效率。

具体来说，ChatGPT主要依靠以下几项功能来辅助学生更好地学习。

①观点提取

ChatGPT可以凭借自身的观点提取功能从学习资料中提取关键信息，并在此基础上生成新的学习资料，以摘要、测验和抽认卡等形式为学生学习新知识和温习旧知识提供方便。对学生来说，ChatGPT既能在单独阅读教科书中的某一章节后进行总结归纳，也能合理分解学习任务，为学生进行自主学习提供方便，同时也有助于学生在学习方面建立自信。

②内容翻译

ChatGPT可以凭借自身的语言翻译功能将教学内容翻译得更易于理解，为学生学习知识提供方便，不仅如此，ChatGPT还可以在学生学习一门新的语言时为其提供词汇表、对话练习和语法课程等学习资源，帮助学生提高学习效率，也可以根据特定的词汇生成相应的句子，帮助学生掌握更多单词，并提高学生的单词记忆速度和单词运用能力。

③专属指导

ChatGPT可以有效丰富教学资源和各类信息资讯，并利用这些信息资源为学生学习提供方便，帮助学生提高自我效能，驱动学生快速解决在学习中遇到的难题，实现高效学习。

④项目研究

ChatGPT可以广泛采集用户所需信息并将这些信息整合成一份资料清单，为用户进行研究性学习、问题导向学习、主题探究学习等项目研究提供信息资料方面的支持，从而帮助教育教学研究人员进一步深化教育研究工作。

（5）事务帮手

ChatGPT能够通过内容生成和反馈的方式来为用户处理各项事务提供帮助，具体来说，ChatGPT既可以自动生成邮件、论文、脚本、诗歌、故事、代码、商业提案等内容，也可以向教师和学生反馈各类信息，帮助教师和学生完成活动策划等任务。

04 ChatGPT对教育的挑战与应对策略

ChatGPT是人工智能技术发展过程中的重要节点，而ChatGPT的落地也有效推动了人工智能技术在教育领域的应用，促进教育领域开始向智能化方向发展，同时人工智能的应用也为教育行业带来了新的挑战。

（1）ChatGPT给教育行业带来的挑战

①挑战我们的人才观

随着人工智能的广泛应用，许多行业将实现智能化、自动化，许多岗位将会使用各类机器人来完成各类工作，各行各业对人才的要求将发生翻天覆地的变化，因此教育行业需要明确人才培养方向和人才培养目标，并根据未来的人才需求革新教育活动，增强学生在未来社会中的适应能力和生存能力。

②挑战我们的课程观

未来，人工智能将广泛应用于各个行业，只有能够熟练使用人工智能工具且具有创造能力的人才能适应技术进步和社会发展，因此教育行业需要进一步优化课程，加倍重视培养学生的创造性思维，并为学生实现创造性学习提供帮助。

③挑战我们的教学观

人工智能技术的快速发展为教育行业带来了许多全新的教学工具，教育工作者需要充分运用技术进步带来的便利，借助人工智能技术来革新教学方式，优化教学效果，丰富教学体验，提高教育质量。

④挑战教育的评价观

ChatGPT具有强大的内容生成功能，且生成的内容与人为创作的内容十分相似，能够达到以假乱真的程度，因此许多学生会投机取巧，不再自主思考，而是直接使用ChatGPT来完成老师布置的作业。真假难辨的学生作业给教师评估学生的学习成果造成了困难，ChatGPT在教育领域的使用范围也缺乏规范，因此教育行业需要进一步改进当前的教学方式和评估方式，解决ChatGPT带来的评估难题。

总而言之，ChatGPT等人工智能相关应用的快速发展推动了教育模式的革新，传统的围绕知识传递的教育模式已经难以适应日渐走向智能化的现代社会，教育行业需要积极创新教育模式。ChatGPT能够解答学生在学习过程中面临的各类难题，并根据学生的个人情况生成个性化的学习计划，在一定程度上代替教师为学生学习提供指导和帮助，因此教育行业还需进一步明确教师的价值；不仅如此，由于ChatGPT为人们获取知识提供了极大的方便，学生学习的意义受到了冲击，因此教育行业还需探索未来社会对人才的要求，进一步明确学生未来的学习需求。

（2）教育行业如何应对 ChatGPT 带来的挑战

ChatGPT等人工智能技术的应用为教育领域带来了发展机遇，教育行业需要积极适应技术发展，推进以ChatGPT等人工智能技术的应用为基础的教育改革。传统的教育模式已经难以跟上时代发展的步伐，教育行业需要从以下两个方面入手开展教育改革工作。

①在教育目标方面

教育工作者应加强对学生的独立思考能力和正确判断能力的培养，同时不能再将让学生获取某些特定的知识作为教育的首要目标。

对学生来说，要在知识学习的基础上掌握判断各项知识的重要程度的能力，也就是说，学生不仅要学习人文、科技、数学等知识，还要提高自身的价值判断能力、解决问题的能力以及思维工具运用能力，并在学习的过程中强化自身的编程思维、模块思维和批判思维，提升自身在学习方面与时代发展的适配性，积极顺应时代发展趋势并发挥自身的才能为时代发展提供驱动力。

②在教育方法方面

教育行业应进一步提升教学工具的智能化程度，积极使用ChatGPT等学习工具来优化教育方法。

教育行业应将ChatGPT作为知识工具，并充分发挥ChatGPT的作用为教育教学赋能，利用ChatGPT来创新教育教学方法，提高教学水平、教学效率和教学质量，让学生能够更好地学习知识。对教育工作者来说，应该担忧的不是学生因过度依赖科技而失去思考能力，而是教育内容是否具备价值和自身的思考方法是否足够先进，同时教育工作者也无须为未来人工智能取代人力的情况而感到焦虑，而是应该迎接新的技术和先进的生产方式，并充分利用这些新技术来进行教学，提高学生的学习效率，增强学生适应技术发展的能力和运用技术实现价值创造的能力。

第 15 章

金融科技：ChatGPT 在金融领域的应用

01 技术变量：ChatGPT 赋能金融科技

AIGC在金融领域的应用既有助于金融行业实现金融资讯和产品介绍视频内容的自动化生产，增强金融机构在内容运营方面的能力，帮助金融机构实现高效率的内容运营，也能够融合数字技术打造虚拟数字人客服，为客户提供兼具视觉和听觉的服务，进而提高金融服务的人性化程度。

基于金融业的行业特点，AI工具的应用与之天然适配，AI可以辅助从业者处理市场中的大量数据信息，在科学统计的基础上充分挖掘其价值，并加以利用。得益于行业需求驱动，加上充裕的研发资金投入，金融行业成为AI技术最早落地应用的场景之一。

一般来说，实时采集市场变化信息和相关交易数据，并根据统计学模型、经济模型进行分析，以辅助金融公司出具分析报告、作出正确的判断决策，是AI工具的核心功能。而根据用户不同的需求侧重点，其服务类型大致可以分为智能顾问和智能客服两种。引入自然语言处理模型的AI工具，可以与用户进行语音交互，然后在此基础上完成复杂的运算任务并反馈结果。

美国富国银行（Wells Fargo）推出了一款基于Facebook Messenger平台的银行智能客服；美国银行推出了金融服务虚拟助手Erica，以代替人工为客户提供部分日常业务服务。国内金融行业也推出了类似的AI客户服务机器人，例如工商银行的“工小智”，具备自主迎宾、业务咨询、宣传讲解等功能，为客户带来了全新的服务体验。

近年来，人工智能技术飞速发展，ChatGPT等智能化工具在各行各业中的使用日渐广泛，在金融领域，ChatGPT可以提供文本处理和语言处理等服务，辅助金融行业的工作人员高效完成各项文本处理相关工作，未来，ChatGPT将成为金融领域的重要智能工具。

首先，ChatGPT在金融领域的应用有效提高了客户服务的自动化程度。一般来说，大多数金融产品具有流程烦琐、技术术语多且不易理解、使用难度大等问题，而ChatGPT可以凭借自身的智能对话功能与客户进行交流沟通，解决客户在产品使用方面的困惑，为客户理解和使用金融产品提供方便。

其次，ChatGPT在金融领域的应用有效提高了服务效率，优化了服务体验。近年来，金融机构的客户越来越多，金融机构的工作人员在客户服务方面的工作量快速增长，因此金融机构通常需要在客户服务方面投入大量时间成本和人力成本，而ChatGPT能够像人一样与客户进行交流，并根据客户提出的问题自动给出相应的答案，金融机构使用ChatGPT代替人来完成客户服务工作，既可以减少成本支出，提高服务效率，也能为客户提供更加优质的服务。

最后，ChatGPT在金融领域的应用有效提高了数据处理效率。一般来说，金融行业需要根据各项数据来预测市场趋势，把握投资机会，因此通常需要快速处理大量信息数据，ChatGPT融合了机器学习算法和自然语言处理技术，能够快速对数据进行分析处理，因此金融机构可以利用ChatGPT来处理市场趋势、客户投资组合和历史交易等数据，以便精准把握市场发展趋势，提高投资回报率。

在语料库中的文本内容不足的情况下，ChatGPT无法生成针对性较强的信息，也就难以为用户提供有效帮助；但在语料库中的文本内容充足的情况下，

ChatGPT就可以利用这些内容进行训练，并在分析用户提出的问题后为用户提供行之有效的建议。

随着人工智能技术在金融领域的广泛应用，智能投顾[1]快速发展，未来，智能投顾可能会成为ChatGPT应用的重点领域。传统的投资建议通常面向全部客户，无法根据客户的实际需求为其提供有针对性的指导，而智能投顾可以在采集和分析客户需求、客户偏好等信息的前提下为客户提供符合其实际情况的投资建议，充分确保建议的有效性，同时ChatGPT在智能投顾中的应用也可以在与客户的交流中采集更多相关信息，并借助文本理解来进一步优化投资建议，进而为客户提供更好的服务体验。

此外，ChatGPT在金融领域的应用能够通过对各项金融信息和数据的分析来实现风险评估，进而帮助金融行业的工作人员分析和规避金融风险。一般来说，金融行业的工作人员需要通过市场趋势分析、财务状况分析等金融风险分析来找出投资行为和金融产品可能会面临的风险，并对这些风险进行评估。

总而言之，ChatGPT可以凭借自身的自然语言处理功能和内容生成功能为金融行业处理金融信息和做出分析决策提供方便，帮助金融机构提高信息处理速度和决策分析水平，同时ChatGPT在金融领域的应用也能够进一步增强金融机构的客户服务能力和风险管理能力。未来，人工智能技术将越来越成熟，ChatGPT在金融领域的应用将逐渐深入，并在金融行业的各项工作中发挥重要作用。

02　应用场景：驱动金融数智化转型

在金融领域，ChatGPT能够应用的范围非常广泛，包括客户服务支持、智能财务预测分析、金融运营与优化、智能投顾、保险科技等，如图15-1所示。

---

[1] 智能投顾：又称为“机器人理财”，是将人工智能导入传统的理财顾问服务，它依据需求者设定的投资目的及风险承受度，利用计算机程序算法，提供自动化的投资组合建议。

图 15-1　ChatGPT 在金融领域的应用场景

（1）场景 1：客户服务支持

ChatGPT 是以人工智能技术为基础的聊天机器人程序，具有十分强大的自然语言处理能力和机器学习能力，能够理解和学习人类语言，像人类一样与用户进行沟通，并为用户提供个性化的建议。ChatGPT 在金融领域的应用强化了金融机构的客户服务能力，为金融机构回复客户信息提供了帮助，同时也为金融机构实现高效运营提供了强有力的支持。

不仅如此，ChatGPT 还能够提高客户信息回复效率，并根据客户的实际需求自动生成相应的回答，这既可以缩短客户的等待时间，也能够为金融机构减少在客户服务方面的成本支出。

a. ChatGPT 具有十分强大的信息查询能力，能够高效处理各类金融查询工作，并针对客户的实际情况自动生成相应的建议。以风险管理为例，ChatGPT 可以通过对客户需求、客户偏好、财务历史数据、风险承受能力等信息数据的分析来生成具有针对性的投资建议，并帮助客户规避投资风险。与其他聊天机器人相比，ChatGPT 能够更加精准深入地理解客户信息，发现不同客户在财务状况方面的不同之处，并为各个客户提供定制化服务。

b. ChatGPT 能够像人一样与客户进行多轮沟通，并充分确保整个交流过程的条理性和流畅性，在不被客户发现的情况下通过交流沟通来了解客户面临的问题并提出相应的解决方案。金融机构可以使用 ChatGPT 来与客户进行沟通，以便优化服务体验，达到提高客户满意度和客户忠诚度的目的。

c. ChatGPT 的应用可以帮助金融机构实现 24 小时全天候实时服务。具体来说，ChatGPT 的工作不受时间限制，可以代替工作人员与客户进行实时交流，这不仅能够帮助金融机构减少在人力方面的支出，降低客户服务成本，还能大幅提高金融机构的服务水平，并随时为客户提供信息咨询等服务，有效缩短客户的等待时间，进而达到提高客户满意度的目的。

（2）场景 2：智能财务预测分析

ChatGPT 具有信息处理功能，能够采集和分析企业信息、财务报告、金融产品信息等各项相关信息，并以直观的方式解释分析结果。为了规避财务风险，金融行业的相关专业人员通常需要广泛采集财务报告、市场数据、新闻文章等数据信息，并通过利用这些信息数据来构建财务模型，同时借助财务模型实现对绩效的精准预测和对风险的有效评估，而 ChatGPT 则恰好能够为金融机构的风险管理工作提供技术层面的支持。

ChatGPT 具有十分强大的文本处理能力，能够高效处理新闻报道、公司公告、企业利润表、负债资产表、现金流量表、分析师报告等金融文本信息，为金融机构的相关工作人员评估企业的财务状况、盈利能力和偿债能力等指标提供帮助，进而提高评估的精准度，充分确保评估结果的准确性和可靠性，为金融机构进一步判断企业的财务状况和发展趋势提供支持。

ChatGPT 可以利用各种不同来源、不同类型的文本进行培训，因此 ChatGPT 通常能够利用各行各业的信息来增强理解能力，扩大理解范围，进而为金融机构明确金融概念和市场趋势以及应用相关技术工具提供支持，帮助金融机构实现对财务风险的全面分析。不仅如此，由于 ChatGPT 具有十分强大的自然语言理解能力，它能够精准理解人们提出的问题，并给出正确的答案，因此金融行业的相关工作人员可以借助ChatGPT来获取决策信息，提高决策效率以及决策的科学性。

（3）场景3：金融运营与优化

a. 市场调查：ChatGPT具有信息采集和分析功能，能够通过问卷调查等方式帮助金融机构广泛采集客户需求、市场需求等信息，并对这些信息进行分析处理，以便金融机构的决策人员根据分析结果进行决策，同时ChatGPT也可以通过对文本语言的分析来为企业及时掌握市场趋势、竞品情况和员工情绪等信息提供支持。

b. 优化运营：ChatGPT在金融领域的应用能够有效优化贷款申请、欺诈监测等金融相关工作的流程，提高流程的自动化程度，降低人在各项流程中的参与度，从而达到提高工作效率和降低出错率的效果，不仅如此，ChatGPT的应用还能代替金融机构的工作人员完成部分工作，有助于金融机构合理分配人力资源，减少在人力方面的成本支出。

（4）场景4：智能投顾

智能投顾是一种基于互联网和人工智能技术的金融服务，能够为投资者提供投资咨询服务，为其打造定制化的投资方案。ChatGPT在智能投顾中的应用能够进一步优化投资咨询服务，提高投资建议的针对性，帮助客户发现投资风险并进行风险管理，同时还能及时对客户提出的问题进行回复。但对智能投顾企业来说，还需要加强对ChatGPT等人工智能的培训和监控，全面考虑使用人工智能工具进行决策可能面临的风险，并合理规避金融风险。

（5）场景5：保险科技

保险业务中的产品和服务对人力的依赖性较强，因此保险行业难以快速推进数字化转型工作。ChatGPT的应用有助于保险行业优化保险理赔、保险销售等业务流程。具体来说，保险公司使用ChatGPT来完成保险理赔工作能够推动理赔申请处理、索赔信息核实等环节实现自动化，进而提高工作效率和理赔率；保险公司在使用ChatGPT完成保险销售工作的过程中可以实现自动化交流，并实时采集客户需求和客户偏好等信息，同时针对客户的实际情况向其推荐保险产品，进而提高业务的成交率。

除此之外，ChatGPT的应用还能够实现对投保全流程的有效管理，随时为客户提供信息咨询等服务，帮助客户答疑解惑。

03　虚拟数字人：重塑金融银行服务

随着虚拟数字人技术的快速发展和应用，金融银行业找到了新的数字化转型方向，并积极探索以数字人为技术基础的发展方式，力图利用数字人技术来实现与客户的数字化交流，以便深入了解客户需求，为客户提供沉浸式服务，达到进一步优化客户服务体验的目的。目前，我国已有多家银行使用数字虚拟人员工来完成接待客户、管理客户账户、帮助客户挑选理财产品等工作。

现阶段，金融银行业所使用的数字人大多为服务型数字人，这类数字人能够借助对话和动作来与客户进行沟通交流，实现问题应答、操作指引等诸多功能，银行的工作人员和客户均无须多次输入相关信息或点击相关按钮就能高效完成业务，这不仅能够为客户提供方便，也能大幅减少银行工作人员在回复咨询信息方面的工作量，达到减轻工作人员的工作压力的目的。与此同时，AI技术在金融领域的应用场景也逐渐趋向多元化，AIGC等技术与数字人技术互相融合，共同在银行的各项业务中发挥作用，驱动金融银行业快速发展。

银行业务具有层级多和标准化程度高等特点，因此银行通常需要对内部的工作人员进行十分专业的培训。但现阶段，银行自主制作的图文操作手册和文档等相关资料并未包含所有的银行业务相关问题，且专业化程度较高，对受众来说阅读难度较大。一些专业机构制作的视频课件通常具有时长较长的特点，银行需要统一安排时间对员工进行培训，但这种培训方式存在培训效率低、培训时间长、培训成本高等缺陷。

另外，银行需要革新信息传播方式。一般来说，银行通常会采用视频会议发布通知公告的方式来传播信息，但这种方式具有即时性强、覆盖范围小、使用成本高的特点，不利于银行进行大范围、深层次的信息传播。为了扩大信息传播范围，拓展信息传播深度，降低信息传播成本，银行需要探索出更加低本高效的信息传播方式。

近年来，金融诈骗事件屡见不鲜，银行需要制作理财知识科普、防诈骗风险提示等物料，并加大对这些内容的宣传力度，但制作物料需要花费大量人力和物力，且内容的质量和统一性也难以把控，内容制作和后期运营方面出现的差错还可能会对品牌形象造成负面影响，由此可见，自主制作用于宣传的物料的难度较高。

美摄科技旗下的美摄云剪辑3.0版本具有数字人制作功能，能够在线编辑视频文件，并利用AI技术对视频内容进行优化处理，同时还可以综合应用自然语言处理、从文本到语音和视频处理等技术来制作高质量的宣传内容，利用以AI为技术基础的唇音分析算法提高宣传内容的生动性，进而达到为内容传播赋能的目的。

对用户来说，美摄云剪辑3.0能够有效简化内容制作方式，利用AIGC等技术手段实现语音合成和AI面部驱动功能，高效编辑并生成数字人视频，因此用户可以通过将主题元素等内容输入美摄云剪辑3.0的方式来生成数字人宣传视频，并在此基础上开展各项宣传活动，进而为银行的信息传播、文化宣传和业务拓展提供强有力的技术支持。

就目前来看，ChatGPT、文心一言等AIGC产品在金融银行业具有十分广阔的应用前景，未来，AIGC产品还将具备全天候在线客服、员工培训、大数据分析等诸多功能，进一步为金融银行业的文本生成工作赋能，提高文本生成的智能化水平。同时数字人和云剪辑等产品在金融银行业的应用也将推动生成的内容由文本升级为视频，内容生成的历程也将实现全面自动化。

AIGC技术具有强大的生产力，金融银行业只需解决其在版权伦理方面的问题就能够为自身实现数字化转型提供强有力的支持。随着科学技术的飞速发展，

AIGC技术将会在多种多样的金融场景中发挥作用，帮助金融银行业提高金融服务的数字化智慧化水平，进而充分满足客户需求，提高客户的满意度。

04 ChatGPT 在金融领域面临的应用挑战

尽管ChatGPT相较于此前很多聊天机器人在语言理解和生成能力方面更为强大，但现阶段将其直接应用到金融领域可能仍会面临较多实际问题。当前，ChatGPT无法实时联网更新数据库、语料数据与金融领域存在较大差异、数据泄露和技术伦理等问题是制约其在金融领域应用的主要因素。

第一，ChatGPT无法实时联网更新数据库。目前ChatGPT开放的功能均是建立在OpenAI 2021年前收集的语料训练数据基础上的。对于金融领域，一个极其重要的特点就是时效性，社会运行过程中不断发生的各种事件都会对金融市场造成影响。ChatGPT无法实现对最新事件或问题的追踪学习，这就造成了ChatGPT在很多情况下无法给出有效回答或是只能给出错误回答的情形，而这显然是无法达到金融机构应用要求的。不过，这一点似乎不是问题，在最新版的Bing中已经集成了比ChatGPT更为先进的OpenAI语言模型，AI已经可以基于最新事件进行回答了。

第二，ChatGPT学习的语料数据与金融领域存在较大差异，这也是其在金融领域商业化应用的巨大壁垒。OpenAI在开发和训练ChatGPT时使用了大量公开互联网知识库，但在金融领域还存在大量的行研报告、专家纪要、业绩点评等都没有出现在ChatGPT的训练集中。这会导致ChatGPT在投研分析、智能投顾等细分领域的应用受到很大的局限。

第三，数据泄露和技术伦理问题也是ChatGPT在金融领域应用需要考虑的重要因素。在使用ChatGPT时，由于需要收集和处理用户的数据，而这些数据可能会被用于ChatGPT的进一步训练学习，这可能会存在数据泄露的问题。此外，由于目前的RLHF并不能完全避免ChatGPT在训练库中学习到不道德或错误的回答，因此也可能会输出一些违反伦理和常识的有害信息或虚假信息。

综上所述，ChatGPT可以应用在金融领域的各个部门和岗位中，并在各项金融相关工作中发挥重要作用，但就目前的技术水平来看，ChatGPT在金融领域落地应用还需解决许多难题，同时金融行业也要充分考虑ChatGPT应用可能会带来的潜在风险。ChatGPT等人工智能工具的应用将改变互联网行业当前的发展方向，金融行业需要认识到人工智能应用的重要性，充分利用各类人工智能工具为自身的发展赋能，并积极推动智能文本生成技术在各项金融相关工作中的落地应用，同时也要加大科技投入力度，加强对各项技术和工具的研发。

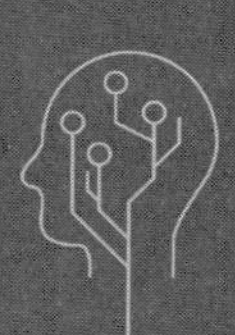

AIGC革命:

Web 3.0 时代的
新一轮科技浪潮

第五部分

AIGC 与元宇宙

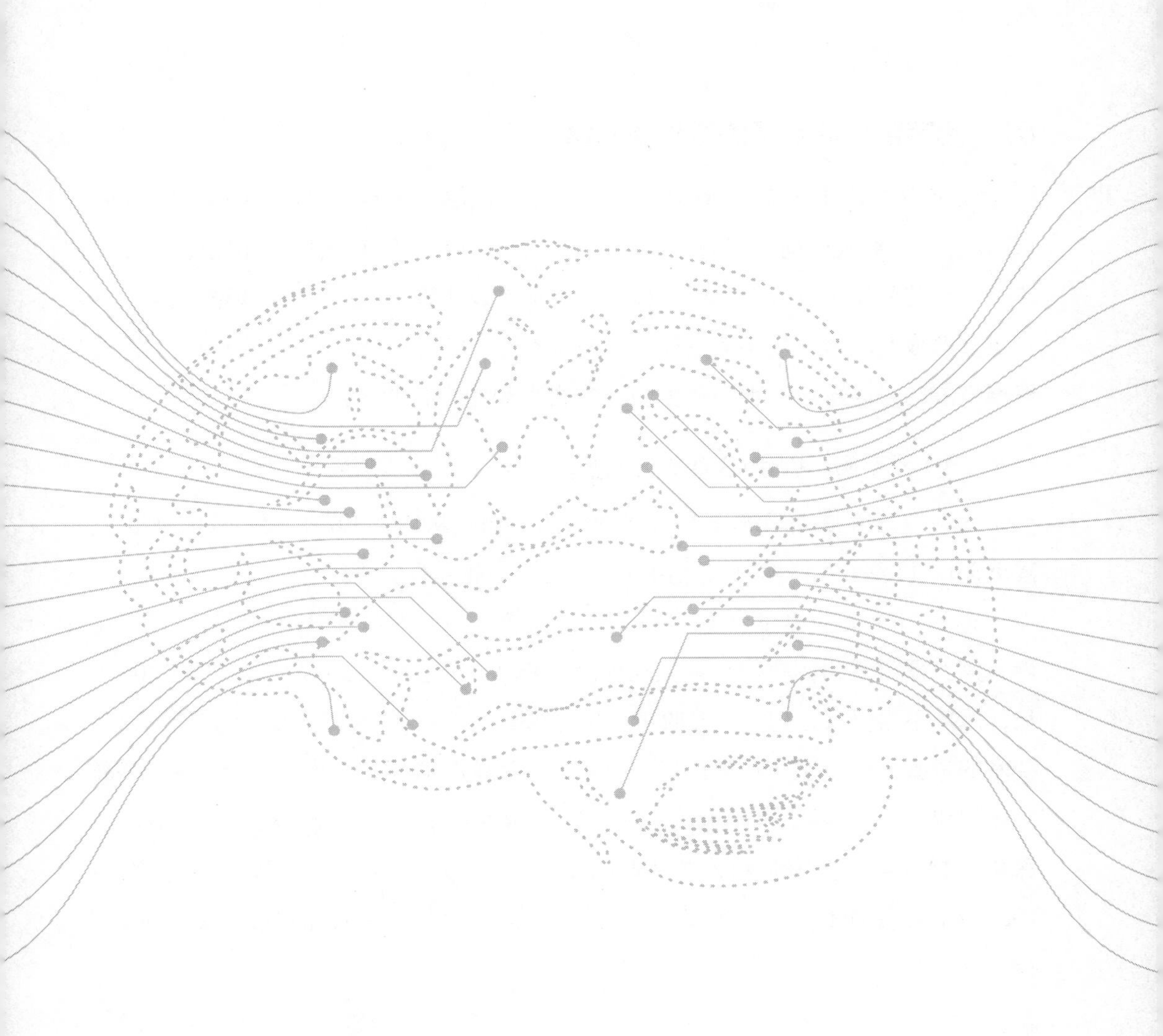

第 16 章 技术基石：构建元宇宙的基础设施

01　元宇宙：数字经济增长新引擎

元宇宙（Metaverse），顾名思义，即是“超越（meta）宇宙（verse代表universe）”——突破时间和空间的界限。此外，“meta”还有“变换”之意，也是对丰富多样的元宇宙世界的一层诠释。元宇宙是云计算、人工智能、虚拟现实、区块链、产业互联网、数字孪生等互联网要素的大融合，是目前我们可预见到的互联网发展的最高阶段，虚实共生、沉浸式体验是其主要特点。

（1）元宇宙：Web 3.0 时代的技术变革

元宇宙是互联网技术不断迭代升级的产物。从Web 1.0过渡到Web 2.0再到Web 3.0，代表了互联网发展从初级阶段逐渐走向高级阶段。

Web 1.0兴起于20世纪90年代，主要以个人电脑为信息媒介，用户可以通过网页浏览器检索、浏览信息，但几乎没有交互体验。Web 2.0大约兴起于2004年后，用户不再仅仅是内容的接收者，也是内容的创作者；计算机技术和无线通信技术的进步，催生了一种由用户主导生成内容的互联网产品模式。近年来，Web 3.0概念的提出引起了业界普遍关注，其内涵也随着互联网技术和理论创新不断深化。2021年，美国游戏公司Roblox上市，成为“元宇宙第一股”；社交网络Facebook改名Meta，正式进军元宇宙产业。这些事件标志着元宇宙时代的到来。

元宇宙的发展需要一系列复杂的技术逻辑作为支撑。其中，人工智能、云计算、大数据、区块链、人机交互、数字孪生、物联网等技术的发展，为Web 2.0向Web 3.0的演进提供了条件。当前，各项技术的单项技术体系已经基本构建完成，但其技术特性只作用于数字经济的某一个领域，都只能完成数据要素生命周期的一部分。例如，大数据技术作用于数据处理，区块链为数据安全提供保障，5G通信网络支持数据传输，等等。随着数字化技术和数字经济的发展，可能会产生出更大、更聚焦的商业模式，而对各类技术的融合应用还要继续探索实践，闭环的商业生态有待形成。数字化生态基础设施的完善，能够为元宇宙世界中的商业模式创新、复杂的应用逻辑构建提供有力支撑。

从技术层面上看，元宇宙是一个依托Web 3.0技术体系的可信数字化价值交互平台，在Web 3.0运作机制的支撑下，构建以区块链为核心的元宇宙生态，能够有力推动产业数字化和数字产业化的发展。

（2）元宇宙是数字经济的新引擎

数字经济是一种以数字科技为基础来实现资源快速优化配置和经济高质量发展的经济形态，其中数据资源是关键要素，实现产业智能化发展是其重要目标，该目标涵盖数字产业化和产业数字化两个方面。数字产业化即是指推动数字技术产业链和产业集群建设；产业数字化是指利用数字化技术、商品和服务推动传统产业的转型升级。区块链等技术是加速数字产业化发展的重要工具，而元宇宙的数字化场景构建需求能够有效驱动产业数字化发展。

元宇宙能够催生新的产业数字化商业模式和消费场景，统筹娱乐、社交、金融、教育等产业资源，同时，在产业数字化发展的趋势下，区块链等数字化技术将得到充分整合，支撑数字产业化的发展。产业数字化与数字产业化的推进有利于加快培育数据要素市场，促进数字经济治理体系完善和新的价值体系建设，并协同促进数字经济的发展演进。

元宇宙是人工智能、云计算、大数据、区块链、信息安全、人机交互等多个技术领域的集成，有着兼容性强、沉浸式体验、协作规模大、用户创造生态、多样性等特征。元宇宙中可以构建社交娱乐、文化旅游、金融服务、工业制造等虚实融合的场景，为用户提供身份认证、资产管理、内容管理等多种服务，促进内容消费模式的创新。而内容消费模式的创新有助于推动形成新的数据和资产要素的价值体系和市场规则，实现数字技术赋能经济建设方面的突破。同时，元宇宙可以培育出更多内容消费的新型市场主体，带动消费模式、消费习惯的变化，形成跨地域、跨领域的产业链和价值链，有力推动数字经济的持续增长。

总之，以区块链为核心的数字技术可以促进信息技术服务创新升级，赋能数字产业化发展；元宇宙中各类数字化应用场景的创新，可以带动内容消费增长，促进产业的数字化。在Web 3.0技术的支撑作用下，数字产业化和产业数字化共同赋能元宇宙的数字生态架构建设，促进数字经济的创新发展。

02　AIGC 赋能元宇宙“去中心化”

从现阶段发展情况看，基于元宇宙的大数据体量和跨领域、跨学科的多种技术高度集成的特点，元宇宙难以由中心化的生产组织完全掌控；另一方面，元宇宙有巨大的内容生产潜力，这些内容不仅是图像、音视频等数字化作品，还可以是包含各种语境、场景以及情景的虚拟社会和相应的虚拟货币、艺术品等虚拟资产。而去中心化的范式为元宇宙的数据安全、虚拟资产安全提供了保障。

Web 3.0的最大特点在于它以区块链作为底层技术支撑，构建了去中心化的分布式账本。其实现途径主要涵盖两方面：

a. 区块链的主要算法支撑——哈希（Hash）函数和非对称加密，前者被广泛用于构建区块和确认交易的完整性上，后者则能够很好地保障参与者的隐私信息及账本数据安全，从而使分布式账本的管理活动顺利进行；

b. 高速率、低时延、高带宽的移动通信技术，能够实现账本内容在各个节点及时记录或同步，这是参与者实时进行账本管理的基础。分布式账本是基于共识机制由参与者共同管理与维护的，相关决策也由参与者共同投票产生，不存在更高层级的统一管理中心，因此其账本数据难以被篡改，有着更高的可靠性。分布式账本的具体运行模式如图16-1所示。

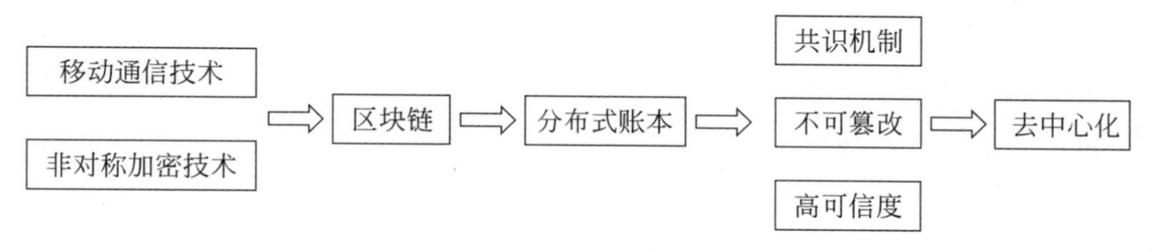

图16-1 分布式账本的具体运行模式

一般来说，区块链的去中心化意味着在区块链架构中不存在绝对的掌控者。这一机制有利于实现供需双方之间点对点的直接连通，减少对商业银行等第三方中介的依赖，从而构建一个“金融脱媒”程度较高的、无中心机构信用背书的新型金融市场。而多个参与者共同投资构建数字空间命运共同体是区块链共建、共享、平权等特点的重要体现。

目前，去中心化的区块链技术逐渐在证券交易市场应用落地，去中心化的证券交易所产生，同时在跨境支付、股权众筹等领域也开始发挥作用，部分银行已经进入试点运行阶段。而且，元宇宙赛道上也不乏区块链背景的参与者，例如区块链风投公司Shima Capital于2022年推出了一支2亿美元的Web 3.0基金，其目标领域包括去中心化的社交媒体、区块链游戏、元宇宙等。

在元宇宙的构想中，每个用户都拥有深度参与元宇宙构建的权利，即依托于人工智能、区块链等底层技术，元宇宙空间中的每个用户都可以对相关内容进行编辑，在合规前提下根据个人意愿生产或传播内容，真正构建一个虚实共生、多元共治的元宇宙世界。因此，实现去中心化的内容生产是构建元宇宙的必要条件。元宇宙的落地应用，则需要具备一定的技术基础和应用条件，其中包括：低时延、高带宽的5G通信网络支撑海量数据传输，机器学习、大数据和云计算提供强大的数据处理能力，脑机接口技术辅助下的虚实界面融合，生成式AI（或AIGC）驱动多样化的内容自动生成，区块链的去中心化机制和认证机制为元宇宙的构建提供保障。

03 通证经济：构建新型激励系统

元宇宙中的内容生成不仅要实现去中心化，还要有足够的用户和数据量作为支撑。而要实现用户资源和海量数据资源的统筹协调，就必须在元宇宙中引入Web 3.0并通过管理数据集库等方式，建立新型奖励机制（例如物质经济奖励或特殊权限等），形成良性的、可持续的内容生产范式。

（1）海量数据的集成

AIGC要实现去中心化的内容创作，必然需要开发大量的开源模型，Web 3.0恰好能够成为一个聚合开源系统或模型的公共平台，形成开源系统集群，并提供统一的数据接入标准，对不同系统或模型产生的公共数据进行有效管理。

目前，国内的开源系统呈现出快速发展的形势。百度基于自身的深度学习技术研究成果和产业应用需求，于2016年发布了中国首个自主研发的产业级深度学习模型“飞桨”，不仅开放了多种语法糖[1]和第三方库，还贴近中文语境场景，提供强大的深度学习并行技术，能够支持万亿规模参数、数百个节点的高效并行训练。

2022年，上海人工智能实验室发布了“OpenXLab浦源”开源开放系统，其中包含OpenMMLab 2.0、OpenGVLab、OpenDILab 1.0、OpenDataLab等九大开源项目，涵盖感知决策、数据计算、智能教育等多个领域，有助于推动人工智能领域的技术突破、交叉创新与产业落地。国外较典型的开源模型有Google的TensorFlow、OpenAI的ChatGPT-3等，此外还有专门致力于开源系统研发的团队，例如Stability AI。

近年来，用于人工智能训练的数据库规模呈指数级增长，而开放的、去中心化的Web 3.0平台能够充分发挥其网络聚合优势，为元宇宙构建提供强大的数

[1] 语法糖：Syntactic sugar，也译为糖衣语法，是由英国计算机科学家发明的一个术语，指计算机语言中添加的某种语法，这种语法对语言功能并没有影响，但是更方便程序员使用。

据集群能力支撑。

海量的数据集和算法库对数据监管能力提出了更高的要求，集成了区块链技术的Web 3.0在数据优化、数据安全性保障和数据监管等方面具有天然优势，为元宇宙中海量数据的治理提供了解决思路。基于区块链的共识机制和加密算法，系统开发者可以与用户订立数据使用协议，授权使用相关数据，从而为流通中的数据提供隐私保护。区块链技术中“不可篡改”的特点则能够保障流通数据的真实性和准确性。分布式账本的数据记录方式杜绝了恶意篡改数据的可能，某一节点的数据变动情况都将同步到其他节点，而如果某一节点的已记录数据与其他节点不匹配，则说明该节点的数据存在异常，由此提高了数据的透明度、真实性和可靠性；同时，数据流转过程的公开性和可追溯性，不仅能够保障系统开发者对数据源或源代码拥有所有权，还能够保证数据的安全性。

由于数据由参与者共同维护，因此可以通过使用者的身份授权来定位数据流转经过的节点、使用者身份和相关历史记录，从而对系统中的数据流转情况和共享情况进行查验审核。

（2）创建新型经济激励系统

区块链在Web 3.0中的应用不仅限于保障数据安全，还能辅助构建共享共治的新型经济激励体系，这与比特币的产生原理类似。

比特币基于其独特的产生机制，有着较强的用户黏性。与传统货币相比，比特币并没有一个统一的发行方，而是由网络节点计算生成，生成比特币的节点（或参与者）俗称为“矿工”，他们相互合作共同“挖掘”某一“矿区”（即区块），所产生的比特币及其手续费奖励由该区块中的“矿工”共享，其份额（即股份）主要是根据各节点所贡献的算力比例来分配的。

由此，不仅能够保障收益分配的公平性，还构建了一种良性合作的机制，鼓励参与者相互协同合作、共创共享。比特币系统本身也具有开源的属性，因此能够吸引众多参与者，共同推动比特币系统优化创新，形成了独特的币圈生态。

随着比特币等新兴事物的发展，其运用的区块链技术得到越来越广泛的关注，并逐渐被应用于其他领域。区块链能够辅助Web 3.0构建灵活的、去中心化的新型经济激励体系。在这一机制中，各节点可以共同合作创造、管理、运营某一项目，并通过投票方式作出各种重大决策；通过引入比特币、NFT（Non-Fungible Token，非同质化通证，是由区块链衍生出的一种可信数字权益凭证）等通证系统，可以形成一种公平、可行的按劳分配方法，从而合理分配项目所产生的经济收益，从技术开发者到内容生产者再到转发者，都可以参与到经济奖励的分配中，从而形成可持续的、良性循环的内容创作生态。

这一新型经济激励体系基于其分配方式和开放性，能够吸引更多的开源模型领域的用户参与到项目创作中来，并通过相互间的交流学习，不断优化与完善Web 3.0，形成一个聚合海量优质开源数据资源且灵活高效的扁平化DAO（Decentralized Autonomous Organizations，去中心化自治组织）平台，从而进一步推动对高性能模型和算法技术的探索，打破AI巨头对技术、数据信息和经济利益的垄断封锁。

综上所述，AIGC内容创作的去中心化，融合引入区块链技术的Web 3.0架构，可以实现对海量内容数据的有效管理，通过新型经济激励体系驱动创新技术聚合与内容共创共享，可以促进适应元宇宙发展要求的新的内容生产范式形成。

04 AIGC 在元宇宙领域的应用场景

AIGC技术能够高效生成原生数字内容，从而在元宇宙构建中发挥重要作用。元宇宙对现实世界影响的扩大，将进一步推动各类应用场景的虚实融合。AIGC模式在多个数字内容创作领域都有着巨大优势，可以辅助数字媒体、数字藏品、数字场景和虚拟数字人的内容生成，并支持从文字、图像到音视频等信息的多模态转化，如图16-2所示。

图 16-2 AIGC 在元宇宙领域的应用场景

（1）数字媒体

随着互联网信息技术的发展，数字媒体已经成为信息数据的重要载体，而AIGC赋能的数字媒体必然是元宇宙场景的重要组成部分。AI数字媒体能够在深度学习模型的基础上，根据一定的规则范式和场景决策机制自动生成内容，并进行精准推送，在满足元宇宙中庞大内容需求的同时，实现各类信息内容的跨界互通，使AI工具高效率、智能化的优势得到充分发挥。

2022年，中国青年报社联合百度等公司发起了“天下共元宵”网络公益活动，在AI的辅助下，用户可以通过输入简单的文字描述生成一幅与月亮有关的画作，送出节日祝福。这一活动引起了良好反响，同时也是AI创作在数字媒体领域的成功尝试。

（2）数字藏品

数字藏品是指基于区块链技术和虚拟版权技术生成的具有经济价值的虚拟产品，在NFT的支撑下，数字藏品可以实现真实可信的数字化发行、购买、收藏和使用。

在元宇宙世界中，AIGC高效、高质量的内容生成能力可以有力推动数字藏品的创作与发展，而依托区块链技术和NFT技术，AIGC可以构建与现实世界相似的社会经济系统，并针对数字藏品交易建立去中心化的数字交易体系。区块链技术可以保证资产的唯一性、真实性和永久性，从而有效解决确权问题和溯源问题，维护创作者权益，提高其创作积极性。同时，充分利用供需平衡和价格机制，可以实现元宇宙世界内容创作的繁荣发展。

（3）数字场景

数字场景是元宇宙世界数字内容的重要表现形式，同时也是其基础架构和信息载体，数字场景涵盖虚拟景观、虚拟建筑、虚拟环境等，其质量优劣将直接影响人们在元宇宙中的体验。AIGC能够为元宇宙宏大、精细、逼真的场景构建提供有力支撑，并融合大数据、3D场景建模、人工智能、虚拟引擎等技术，实现数字场景内容的自动生成，能够大大提高场景生成效率。

同时，AIGC等技术的应用有利于拓展数字场景的应用边界，辅助构建定制化、个性化的数字场景，满足多样化的用户需求。在场景构建的基础上，可以通过VR、AR等人机交互设备实现物理场景与虚拟场景的融合，为用户带来独特的场景体验，进一步发掘元宇宙的应用潜力。

（4）数字人

数字人是指利用人工智能、AIGC、3D建模等一系列数字技术模拟出的具有人类形象的虚拟人，数字人可以是现实中真实人物的虚拟化身，也可以是独立创作的、个性化的、用以满足特定需求的虚拟个体。从虚拟人的生产方式看，主要有动作捕捉和智能合成两种方式。数字人除了有着与真实人类高度相似的外形，还可以模拟人类的神态、动作、性格、表达方式、情感特性等。

AIGC能够辅助元宇宙世界中的虚拟人生成，并增加虚拟人在互动需求场景中的适配性。虚拟人基于高效率生成、沉浸式体验、智能化深度学习等优势，可以实现在各类需求场景中与人类的实时交互，提升事务处理效率；并通过对已有资源、数据信息的统筹整合，构建新的元宇宙交互场景。当前，数字人在娱乐、金融、教育、医疗等行业中有所应用，虚拟偶像、虚拟主播、智能客服的应用受到了广泛关注，可以根据不同角色设定发挥智能导航、信息咨询、知识问答等功能。随着人工智能技术发展，AIGC赋能下的数字人性能将进一步提升，为元宇宙世界沉浸式的交互体验提供支撑。

未来，AIGC除了生成文本、图像、音视频等内容，还能通过感知技术、物联网技术，将味觉、嗅觉、触觉等方面的感知数据融入智能化的内容创作中，进一步丰富AIGC的内容形式。同时，AIGC将深化用户与内容产品的互动关系，由用户单向接收内容信息向双向实时交互的模式转变，充分满足用户的内容产品需求。

第 17 章

内容生成：AIGC 构建元宇宙内容生态

01 AIGC 驱动的内容生产新范式

与传统的内容生产范式相比，元宇宙中集成区块链、AI 等技术的内容生产范式有着更强的主动性，即通过一定的奖励机制引导参与者创作出更高质量、具有更强体验感的内容。随着 AIGC 原创能力的提升，元宇宙的内容生产力将被充分释放，从而实现真正的“虚实共生”。在 AIGC 的驱动下，元宇宙将呈现出内容生产新范式，并具有以下三个方面的特征，如图 17-1 所示。

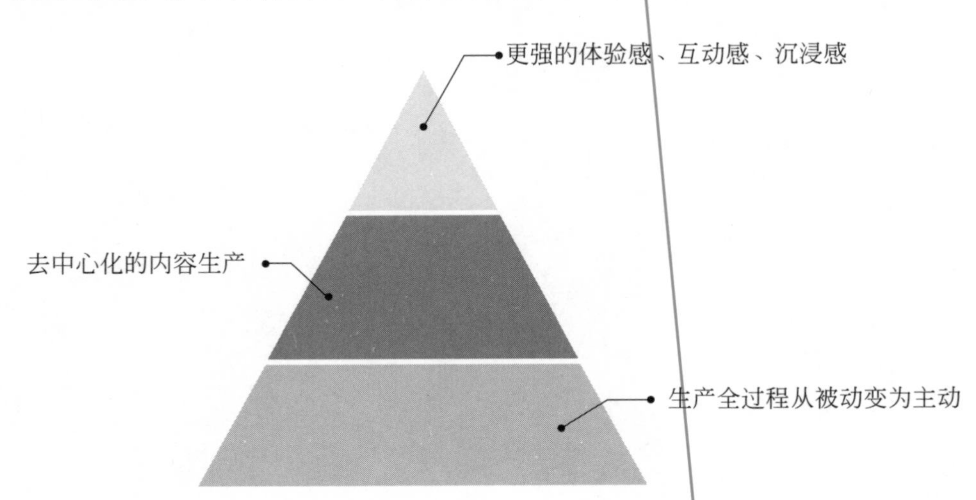

图 17-1　AIGC 驱动的内容生产新范式

（1）生产全过程从被动变为主动

当前，由于高性能的AI技术的研发需要投入大量的人力、算力、时间等资源，因此资本成为AI技术发展的重要支撑，而拥有资本的个人或群体成为AI技术的实际控制者。相应地，现阶段的AIGC内容创作主要是为资本服务。在资本设定的整体框架下，大量自媒体创作者依托于内容平台进行创作，由此对资本提供的平台框架有较强的依赖性。

未来，随着数字化技术的发展，政府、企业等各方的力量可以联合起来，共同构建去中心化的、融合了区块链技术和AIGC技术的Web 3.0元宇宙框架，利用元宇宙内生的用户相互协作、共享共治的新型经济激励体系驱动内容创作方式转变，这种转变是AIGC生产全过程主动性的体现，可以辅助创作者摆脱对资本的束缚与依赖。由此，可以有效激发创作者的积极性，包括技术领域对深度学习模型的研发与开源、其他各种形式的内容创作，并实现灵活、公平的生产变现。届时，各类创作数据将得到高效管理与传播，其传播过程可以作为内容的价值实现环节参与收益分配。

在元宇宙中，随着用户创作参与度提高，开源模型面临的技术瓶颈或存在的技术漏洞能够得到更快解决，各种各样的创意想法能够被准确表达，AIGC的技术能力也将得到不断提升。

（2）去中心化的内容生产

互联网信息技术的发展是促使内容创作方式发生转变的根本动力。互联网连接方式以有线为主到以无线为主的转变，带来了人们的上网设备从PC（personal computer）端向移动端的转变，同时也推动着创作方式由PGC向UGC的转变。互联网社交平台用户量的增长，催生了大量的内容需求，许多用户自发进行内容创作，这在一定程度上适应了互联网内容的个性化发展要求。虽然内容的多样性得到了极大的丰富与拓展，但内容质量参差不齐，低质量的内容显然不利于人们的内容体验。实现内容创作数量与质量的提升，是新的内容生产范式必须解决的问题。

随着深度学习模型的迭代优化和训练数据规模不断增长，未来的AIGC技术将能够充分满足元宇宙不同场景的内容创作需求，在内容质量和创作效率上都将有进一步提升，不仅能够创作出风格、氛围、主题等方面符合创作者预期的作品，还能够避免出现价值观导向负面、不符合公序良俗和法律法规等错误。另外，人们可以在Web 3.0的基础上，对海量数据进行有序管控，有效解决版权、著作权、作品归属权等带来的经济纠纷，有组织、有目标地规划内容生成。

（3）更强的体验感、互动感、沉浸感

近年来，AR、VR等数字化技术在电视台的大型舞台演艺节目中多有运用。

例如，在2021年河南卫视的春节晚会节目《唐宫夜宴》中，用5G+AR技术将博物馆场景搬到了舞台上，实现了虚拟场景与现实舞台的完美融合，让观众身临其境地体验到了恢宏又不失大气的盛唐风貌。该节目播出后，迅速在各大社交平台走红，成为人们讨论的热门话题。可见，沉浸式场景体验能够为内容创作增光添彩。

互动式、沉浸式场景是内容生产的一个重要方向，目前元宇宙赛道和AIGC赛道都有企业以此为目标进行实践探索。在元宇宙中，AI能够自动识别并分析判断场景信息，然后生成相关内容，满足不同用户的审美要求。同时，基于VR、AR等技术和多模态场景转化，AI可以通过识别用户的互动反馈，构建出三维立体模型，让用户有更强的沉浸感和体验感。其构建的三维模型除了虚拟场景、虚拟物体，还可以是虚拟的人。

02 AIGC 内容生产范式的价值

随着计算机技术、互联网信息技术、人工智能等技术的发展，内容生产方式发生了巨大转变，从原先以专业创作者为主体的PGC模式，发展为以用户为

创作主体的UGC模式，再到以人工智能为创作主体的AIGC模式。而AIGC不仅是未来互联网产业的重要生产力，也是元宇宙世界的重要生产力。在元宇宙世界中，AIGC可以作为高效、智能、自动化的批量内容生产工具，也可以作为维持用户与场景的稳定、高质量交互关系的工具。

（1）基于AIGC的元宇宙内容生成与交互

基于AIGC的元宇宙内容生成与交互形式主要包括以下几种，如图17-2所示。

图17-2　基于AIGC的元宇宙内容生成与交互

①支撑元宇宙的内容生产

依托于虚拟数字化技术，元宇宙世界可以成为用户的“第二空间”，为用户提供多样化的内容服务和沉浸式内容体验。在这个空间中，所有内容都可以由AIGC自动生成，其内容创意和灵感来自大量的训练数据，而不再拘泥于创作者的认知局限，由此能够为用户提供富有新意的感官体验。同时，AIGC高效的内容创作能力能够满足元宇宙庞大的内容需求，实现各类场景、人物等内容的自动构建。

②开发C端用户数字化身

数字人作为连接用户认知与AR等硬件设备的交互中介，有望最早实现真正的落地应用。AIGC能够开发C端用户数字化身，即构建能够代表C端用户身份的虚拟人，从而充分发挥关键要素优势，为用户提供虚实融合的沉浸式体验。

③开发智能NPC

智能NPC即元宇宙中能够满足特定用户需求的原生数字人，同时也是用户交互界面的重要组成部分。AIGC驱动下的智能NPC，集成了自然语言模型、实时渲染、动捕驱动等技术，能够理解用户的多种需求，为用户提供帮助并处理各类复杂任务。

④辅助用户创作

基于AIGC的高效创作能力和多模态转化能力，用户可以将脑海中富有创意而又难以表达的灵感用AIGC工具表达出来，并进行加工、修改，最终完成符合预期的作品。同时，用户可以在创作技法上进行创新，生成新的艺术形式。例如，用户可以利用AIGC工具将拍摄的实景照片渲染成3D画面，使其成为元宇宙场景的一部分。AIGC辅助下的自由创作，能够进一步推动丰富多彩的元宇宙世界的构建。

（2）AIGC 内容生产范式的积极作用

①释放现实世界的生产力

一方面，新的内容生产范式可以代替人类完成大部分技术水平要求不高的内容创作工作，主要服务于有需求的企业或个人，辅助其降本增效，提升价值创造能力。例如，电商行业中线上门店的运营维护工作可以交由AI完成，通过输入需求和原始素材图片，AI就能够自动生成产品海报、模特展示图等营销素材图片。另一方面，新的内容生产范式可以为创作行业提质赋能，目前，一些基于海量训练数据的绘画AI已经能够达到专业级甚至大师级水准，这对从业者的专业素养提出了更高的要求；同时，内容创作正在与媒体深度融合，这就要求从业者打破职业壁垒，提升自身能力以适应不同场景的创作要求。

生产力得到解放的同时也可能面临生产力过剩的问题，现实世界过剩的生产力向元宇宙虚拟空间中转移，是未来生产力转变的重要趋势。AIGC辅助构建元宇宙的过程，本身就存在着巨大的生产力需求缺口，在AIGC产品设计、深度学习模型开发、模型训练、数据分析、新技术产品应用落地调试等领域，这一过程能够为人们提供大量新的职业和岗位。同时，新的经济激励体系也将成为促使生产力转移的重要驱动因素。

②助力虚拟现实的产业化应用

2022年10月，工业和信息化部、教育部、文化和旅游部、国家广播电视总局和国家体育总局联合发布了《虚拟现实与行业应用融合发展行动计划（2022 ~ 2026年）》，进一步明确了虚拟现实在数字经济建设中的积极作用，提出了发展目标，要求到2026年，产业生态进一步完善，虚拟现实在经济社会重要行业领域实现规模化应用。而新型内容生产范式能够有力推动该目标的实现。

- 去中心化的AIGC内容生产是虚拟现实融合创新的重要保障，同时要注重与Web 3.0多技术的融合，以推动虚拟现实技术与数字产业的融合发展；
- 内容生产新范式中蕴含的高生产力可以为虚拟现实赋能，除了在生产工具和信息设备方面提供支持外，还能够增强虚拟现实的产业链供给能力；
- 与内容生产新范式相匹配的新型经济激励体系，能够为虚拟现实融合产业链的应用标准体系制定提供支撑；
- 内容生产新范式的技术基础——多模态大模型，能够赋能多行业、多场景的AI内容生成，推动形成“虚拟现实+”的融合行业矩阵；
- 依托于Web 3.0的数据处理机制和区块链机制，能够有效推动去中心化的虚拟现实产业公共服务体系建设。

鉴于以上的积极作用，AIGC内容生产新范式能够突破虚拟现实应用推广及试点落地过程中存在的阻碍；同时，虚拟现实的规模化融合应用又能够推动AI创作在数字资产、虚拟场景、数字媒体等场景中的人机协作实践，从而提升AI

的原创能力，真正实现AI创作为元宇宙赋能。

03 基于 AIGC 的元宇宙内容生成方案

AIGC为元宇宙构建提供了高效、可行的内容生成方案。利用传统方法生成3D内容通常有着较长的创作周期，步骤涵盖扫描现实事物、建立3D模型、动作捕捉、光影效果渲染等，画面的复杂程度、精细程度越高，则花费的时间越长，有的甚至长达数年。而利用AIGC这一高效的创作工具，可以自动完成某些重复的、单一化的步骤，让更多的人力投入复杂的、关键的环节中，从而大大提高创作效率。另外，AIGC可以推动3D互联网的发展，平台用户可以随时随地参与网络上的内容生成活动，使AI创作工具的优势得到充分发挥。

随着自然语言处理模型和图像生成模型算法逐渐成熟，以ChatGPT、Stable Diffusion、DALL-E等为代表的内容生成应用逐步实现了商业化落地，一些领域内的科技巨头在内容生成开源模型的基础上推出了"文本—三维模型"生成器，例如Meta的Make-A-Video、英伟达的GET3D和Google的DreamFusion等。在未来，这些AIGC工具能够辅助用户创造出多样化的元宇宙世界。

内容生成AI基于神经网络、深度学习等先进算法，不仅可以根据大量训练数据集生成新的内容，还能够进行文本、图像、音视频、3D模型等多模态转化，有着广泛的应用前景。以ChatGPT为代表的智能工具正在快速融入人们的日常生活与工作，大大提升了工作效率，有效节约了人力、时间成本。在未来，AIGC应用将为元宇宙专业创作者们提供重要的辅助，随着应用的深化，将有可能迎来新的技术拐点，使创作者的创意、构思得以充分、准确地表达，并实现内容创作功能的快速迭代与优化。

（1）创造出完整鲜活的 3D 世界

目前，AIGC在文本生成、图像生成、音视频生成等方面都取得了突出进展，未来通过图像范例的组合和多模态转化，可以打造出逼真、生动的元宇宙世界。此外，AIGC还有望具备开放式的内容交互与媒体融合能力，即通过相关行为编码的集成，创造出符合用户预期的具有特定内置行为的3D对象。这能够大大提高元宇宙数字内容的多元性和灵活性。例如，创作者可以通过输入关于汽车性能和外观设计的提示词，在元宇宙中生成一辆能够模拟真实驾驶状态的虚拟汽车。

2023年2月，英伟达宣布推出Magic3D，这是一种可以根据文本提示生成3D模型的生成式AI技术，在演示中，工作人员输入提示语“一只坐在睡莲上的蓝色毒镖蛙”，即可生成一个与描述相符的3D模型。

当前，对“文本—三维模型”多模态转化的研发才刚刚起步，相关算法有待进一步优化，而且，大规模3D搜索引擎多为专业从业者所用，并未得到大范围普及，因此AIGC在生成3D模型方面的技术成熟度有限。另一方面，有业内人士正在尝试用文字给3D内容打标签的方式来实现二者的匹配，或引入图片作为连接文字与3D模型的桥梁，以实现多模态转化。同时，随着AIGC三维建模技术的发展，其训练数据集将愈加丰富。

（2）高效创建满足用户需求的内容

运用人工智能构建数字化世界，其效率远超人类。生成式AI的应用省去了传统的图纸设计和平面背景图规划等环节，只需要在智能应用中输入关键词，就可以构建出满足用户审美要求的虚拟环境。

AI技术赋能下的虚拟人，不再需要为NPC角色预设脚本，而是以物品、文字等多种形式出现，直接在游戏中承担游戏向导、助力伙伴或是对抗者的角色。例如Windows Office早期开发的智能助手Clippy，以武器挂件或铭牌的形式出现在《光环：无限》中，其可爱的形象受到了广大玩家的喜爱。再如，在character.ai中，虚拟人可以扮演马斯克、苏格拉底等知名人物，实现与用户的自由对话。

对于游戏公司来说，AIGC使得游戏角色的构建效率大大提高。例如只需要在智能图像生成器Midjourney中输入角色的发型、发色、面部特征等关键词，就可以生成一幅逼真的人物肖像，同时可以利用ChatGPT生成关于角色的背景、性格以及剧情故事等脚本设定，使角色更为丰满、生动。其中，“文本—图像”多模态转化、自然语言理解等技术发挥了重要的支撑作用。

（3）降低内容创作者的技术门槛

AIGC工具除了能够大幅提高创作效率之外，还能够降低对创作者专业素养的要求，即使是非专业的创作者，也能够通过AIGC工具将其灵感创意准确表达出来。

全球著名在线游戏创作平台Roblox，鼓励用户进行自由创作，致力于让每个用户都成为真正的创作者。AIGC可以在Roblox Studio中开发一种全新创作方式，这种方式为没有3D建模经验的编码人员、懂得编码但不会3D建模的人员，或者不具备任何创作技能的新人提供了一种方便快捷、简单易学的创作方法。该创作平台放弃了传统的鼠键组合的操作模式，而是创新地使用文字、语音或手势进行创作，并实现三维模型一站式生成，这种方法为创作者提供了更为直观的、身临其境的三维设计体验，能够使创作者的想象力得到充分发挥。

Roblox的首席技术官Daniel Sturman认为，AIGC创作模式具有里程碑式的意义，将带来创作方式的变革。而这种创作方式也得到了英伟达、微软等公司的青睐，AIGC的应用预示着元宇宙世界的发展机遇已经到来，它将带领创作者们进入一片蕴藏有巨大创作潜力的蓝海。

04　元宇宙内容生产面临的问题

当前，内容生产新范式正处于转变阶段，AIGC、Web 3.0相关技术等并不成熟，区块链在Web 3.0中的应用也尚处于探索阶段，因此该范式还面临着一些问题。

首先，目前能够支撑元宇宙构建的底层技术并不成熟，例如AIGC内容创作程序才刚投入应用测试，相关深度学习模型还有待完善和进一步训练，区块链在AI创作领域的应用还未提上日程。同时，元宇宙的概念、体系、商业模式等都处于理论探索阶段，整体认知并不深入。因此，实现生产力的迁移还需要一段时间。

其次，在新型内容生产模式的经济激励体系下，虚拟世界伦理道德和法律法规的界定是又一难点。此类问题在当前阶段的AIGC创作中已经初见端倪。

2022年，北京互联网法院审理了一起“AI陪伴”软件侵害人格权案，案件中“AI陪伴”软件创造的虚拟人未经授权就使用了他人的真实姓名和形象，造成了不良影响，最终被判侵害了他人的肖像权、姓名权和一般人格权。同一时期由杭州互联网法院审理的“胖虎打疫苗”NFT作品纠纷案，是我国首个宣判的NFT侵权案件。

当前，AIGC还处于逐步应用落地的阶段，其商业模式正在探索过程中，与AIGC产业发展相关的法律法规和行业规范也有待完善。《人工智能生成内容（AIGC）白皮书（2022）》中提到，AIGC作品的版权还有待厘清，对相关法律概念的界定还有待明确，以进一步解决AIGC作品的著作权、商标权、使用权等问题；同时，对元宇宙中的作品的使用需要进行规范，例如在移植虚拟现实世界的物品、建筑、场景、肖像等内容时，要努力防范各类侵权风险，用户在元宇宙中创造的原生作品的相关权利应该得到最大程度的保障。不只是版权问题，元宇宙世界中的数据安全、金融监管、责任主体等问题，都需要技术研发人员、法律领域从业者、监管单位等主体共同合作，构建合理的监督规范机制，以推进产业健康发展。

综上可以看出，对相关概念、事物的界定带来的矛盾和问题在元宇宙世界中将会越发显著。因此，在探索新的内容生产范式时，也要重视跨领域、跨学科交流，针对可能存在的风险及时进行管控，并完善法律法规，为元宇宙的发展营造良好的外部环境。

随着人工智能技术的发展，AIGC的算法模型也将进一步完善，其应用将在各个领域推广，并使其智能化的优势得到充分发挥。虽然目前AIGC的底层模型开发大多由IT产业巨头主导，但随着社会大众参与程度加深，去中心化是AIGC未来发展的必然趋势。而融合了区块链技术和Web 3.0的新型经济激励体系，能够辅助形成新的内容生产范式，促进AIGC的发展并为元宇宙的构建提供支撑。同时，也不能忽略AIGC生成内容中可能存在的问题和风险，例如伦理道德问题、法律法规界定问题等，这需要联合业界、学界、政府监管部门等多方力量，共同商讨解决方案。

第18章

元宇宙游戏：AIGC引领游戏产业变革

01 AIGC赋能：从游戏到元宇宙世界

元宇宙概念的提出，充分激发了人们的想象力，无论未来元宇宙的形态如何，可以确定的是：元宇宙中必然存在大量的数字化内容，元宇宙也将大大拓展人类的生活空间。

仅仅依靠人工设计是无法构建出完整而庞大的元宇宙世界的，因此我们需要借助数字化、智能化的手段，AIGC就提供了一种理想的解决方案。而游戏有可能是打开元宇宙世界大门的一把钥匙，它可以为玩家营造沉浸式的体验环境，这与元宇宙是相通的。我们以AIGC在游戏中的应用为例，对AIGC推动元宇宙发展的方法进行说明。

一款制作精良的游戏往往要包含剧情故事、游戏角色、场景构图、背景音乐（BGM）、主程序和玩家交互模块等要素，从设定世界观、搭建架构、制作模型、完善细节、调整冲突到最终发行的整个过程，都需要投入大量的人力、时间和资金成本。

而如果能将AIGC技术运用于游戏开发，例如用AI编写剧本、生成人物道具模型、绘制场景假图、创作BGM，再用AI完成主程序代码的编写，那么开发人员只需要输入制作要求后等待系统自动生成即可。毫无疑问，这将大大提高游戏的开发效率。根据部分投资机构预测，在未来的5～10年内，各类型的文稿、图像、音视频、代码、游戏等，都可以由AIGC创作，并达到专业人员的水平。

元宇宙是依托现实物理世界的全真数字虚拟空间，我们可以将其看作一个由众多虚拟社区组建而成的3D世界。从技术、用户和内容的角度来看，游戏可以被看作是元宇宙世界的缩影，以小见大，我们可以通过游戏实现对元宇宙的探索和研究。具体来说，游戏行业应先利用AI技术对一些开发成本高、开发周期长、消耗资源多的游戏进行拟真化升级，再进一步提高这些游戏的沉浸拟真程度、可触达性和可延展性，然后在虚拟的游戏世界中融入现实物理世界中的生产生活元素和政治经济体系，最后再在此基础上构建元宇宙空间。

VR/AR等设备的升级、云游戏技术的进步和算力的增强都能够为提高游戏的沉浸拟真程度和可触达性提供强有力的支持，随着AIGC技术在游戏领域的应用逐渐成熟，游戏的可延展性也将得到进一步提高。

（1）在沉浸拟真方面

元宇宙的拟真程度远高于《侠盗猎车手》（Grand Theft Auto，GTA）等游戏，能够为用户提供更加拟真化的体验。

就目前来看，GTA的屏显设备和体验感正随着技术的发展不断升级，但在真实感方面仍旧存在很大的进步空间，因此还需要借助VR/AR等虚实融合设备来增强在近眼显示和真实交互方面的能力，并提升游戏的拟真度，以便为游戏玩家提供更加真实的游戏体验。

（2）在可触达性方面

3A游戏指的是开发成本高、开发周期长、消耗资源多的游戏，这类游戏对游戏设备的要求较高，而部分游戏用户难以负担起价格高昂的游戏设备，因此用户量级一般不大。

例如，GTA在我国的用户量级只能达到十万级，并且需要通过运算与显示分离技术的发展和应用来实现集中并行运算，同时降低对游戏设备和游戏用户的要求，进而达到扩大用户量级的目的。就目前来看，部分企业正不断加强运算与显示分离技术的应用，打造出基于云计算技术的云游戏平台，让游戏用户能够在使用配置较低的游戏设备的情况下顺利进入游戏中。

（3）在可延展性方面

GTA是具有代表性的3A游戏，具有高成本、高体量、高质量的特点，因此游戏制作团队难以保证游戏内容的生产速度能够超过游戏玩家对内容的消耗速度。

GTA的游戏制作团队中有上千名工作人员，游戏制作周期高达5年，但平均用户时长只有189个小时，这意味着一个用户只用189个小时就能够消耗完整个游戏制作团队在5年的时间内生产的所有游戏内容。由此可见，现阶段，游戏制作团队的内容生产速度远远落后于游戏用户的内容消耗速度，游戏制作团队需要通过构建内容生态的方式来提升游戏的可延展性。

具体来说，一方面，游戏制作团队可以借助数字建模来确保游戏内容的真实性；另一方面，游戏制作团队可以与其他的内容生产组织共同制作游戏内容，或借助UGC的方式来满足游戏用户对游戏内容的需求。总而言之，成熟的内容工具和繁荣的内容生态能够为游戏制作团队提高游戏的可延展性提供助力，而元宇宙也需要建立自我进化机制，以便进一步增强自身的可延展性。

与游戏相比，元宇宙需要承载更大的世界，并确保全天候在线，且具有更大的数字资产需求和数字内容需求。近年来，ChatGPT的应用驱动了AIGC的快速发展，而AIGC技术在游戏领域的应用将有效增强虚拟世界中的内容的可延展性，为游戏向元宇宙发展提供助力。

02　生态重构：引领游戏产业链升级

与其他产业相比，游戏产业具有更加明显的科技属性，因此游戏产业当中的内容形态通常具有较强的科技感，能够为AIGC提供更加广阔的应用空间。

具体来说，游戏可能会同时出现文本、音频、视频、代码、图片、3D模型等多种内容形态，因此游戏通常具有复杂性的特点，需要使用与之高度适配的生产力工具。不仅如此，由于用户需要连续实时消耗游戏中的内容，因此游戏对用户体验的实时性以及内容生产的高效性都有着较高的要求。近年来，AI在创意生产领域中的应用日渐成熟，这不仅创新了创意生产方式，也有效提高了创意生产效率。在游戏产业中，AIGC的应用也将进一步提高游戏内容的生产效率，并为游戏产业创新游戏玩法提供驱动力。

AIGC驱动下的游戏产业的变革主要体现在产业端、开发者端和用户端，如图18-1所示。

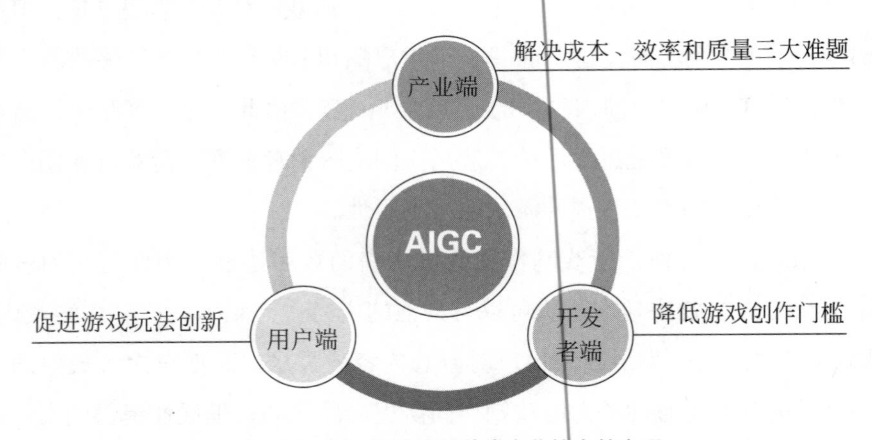

图18-1　AIGC驱动下游戏产业的变革表现

（1）产业端：解决成本、效率和质量三大难题

大型游戏项目的开发涉及音效、音乐、动作、特效、2D图像、3D资产、游戏剧情等大量数字内容的开发，开发周期通常在一年以上，开发团队的人员数量需要高达上百人，除此之外，还离不开资金以及其他各项资源的支持。由此可见，游戏产业需要同时解决成本、效率和质量三个方面的难题才能顺利推进游戏项目的开发工作。

AIGC是一种基于人工智能的内容生成技术，AIGC的应用具有内容生成功能，既能根据文本内容自动生成语音，也能根据主题自动生成相应的场景，还能根据二维图像生成三维的立体模型，因此游戏开发团队可以先利用AIGC技术来生成游戏策划、音频、应用程序等内容，再对这些内容进行优化调整，使其符合游戏开发的要求，以便以更快的速度完成游戏开发工作。由此可见，AIGC在游戏开发中的应用既能够帮助游戏开发团队节约人力资源和游戏制作资金，也能有效缩短游戏制作周期，提高游戏开发效率。AIGC有望成为游戏产业中重要的内容开发工具，能够代替游戏开发人员完成大量繁重的、重复性的游戏制作工作，从而让游戏开发人员有更多的时间和精力去发挥自己的创意推动产品创新。

2022年9月，红杉资本发布了一篇名为*"Generative AI：A Creative New World"*的研究报告，并预测AIGC技术能够在2030年实现自动生成游戏文本、游戏代码、游戏图像、游戏视频以及游戏中的3D模型，且其生成的内容在质量上能够与专业的游戏开发人员和设计师制作的内容相媲美。

（2）开发者端：降低游戏创作门槛

随着iPhone等移动智能手机的出现，应用开发者的数量急剧上升。由于移动智能手机具有便携、易用等优势，因此开发者针对移动智能手机研究出了大量移动应用，并逐渐构建起移动应用生态。

游戏产业构成要素具有多样化的特点，具体涉及文本、图像、音效、音乐、动画、电影、代码、3D模型等多种内容，因此整个游戏产业都呈现出高度复杂的特点。由于整个游戏产业的复杂性较高，因此游戏开发对技术和经验的要求也十分严格。一般来说，游戏开发人员可以使用Unity和Unreal Engine等开发平台来完成游戏开发工作，但初学者若要熟练使用这些工具来开发游戏，那么则需要花费较多的资金和时间进行学习、研究和实践。

AIGC技术能够在游戏开发的多个环节中发挥作用，帮助游戏开发人员生成剧情、人物、头像、配音、动作、特效、程序等多种内容。这不仅能够为游戏开发人员的工作提供方便，还能让游戏开发人员只需在AIGC生成的内容的基础上进行进一步优化调整就能完成游戏内容生成工作，进而大幅降低游戏开发难度和游戏行业的准入门槛。行业门槛的降低为游戏行业带来了更加广阔的创新空间，同时也帮助游戏行业降低生产成本和风险，AIGC技术的应用也为游戏开发人员提供了新的内容创造工具，这都为游戏开发提供了有效的驱动力。

与其他内容生成技术相比，AIGC可以通过应用程序编程接口与数据表、绘图程序、照片编辑程序等应用连接，从而达到降低内容创作和内容开发难度的目的。AIGC技术在游戏中的具体应用如表18-1所示。

表 18-1　AIGC 技术在游戏中的应用

AIGC	应用场景
AI 生成文字	剧情设计、游戏剧本、叙事情节
AI 生成图片	人物、头像、道具设计
AI 生成音频	人物配音、音效、音乐
AI 生成视频	游戏动画、人物动作、特效
AI 生成 3D	人物 3D 模型、游戏场景、元宇宙场景
AI 生成代码	地图编辑器、游戏主程序

近年来，游戏行业一直将提高研发效率作为发展的重要目标，并力图通过AIGC的应用来解放生产力。一般来说，游戏行业提高自身研发效率的过程主要包括三个阶段，分别是程序化生成、AI算法辅助和真正意义上的AIGC。

①程序化生成

程序化生成就是利用程序化规则来生成游戏内容，具体来说，程序化生成的过程可分为三部分，游戏制作团队需要先采集和整理现实物理世界中的现象效果，再据此在内容生成工具中设置相应的生成规则，最后内容生成工具会根据预设的生成规则自动生成游戏内容。程序化生成具有制作效率高的优势，能够帮助游戏制作团队快速生成高质量的大型游戏的相关内容，但程序化生成也存在许多不足之处，如细节不足、变化缺失等，这导致游戏制作团队在使用程序化生成的方式来生成游戏内容时只能制作一些重复性、单调性的内容。

②AI算法辅助

在AI算法辅助阶段，游戏制作团队不仅可以使用程序化生成来制作游戏内容，还可以综合运用AI算法辅助、计算机视觉、深度学习等技术来提高内容生成能力，以便精准采集现实物理世界中的各项细节和变化，并基于这些现实物理世界中的现象生成更加细致、复杂、丰富的游戏内容，进而实现高效率、高品质的游戏内容制作。

③真正意义上的AIGC

就目前来看，AI在游戏开发的过程中只能起到辅助作用，未来游戏行业发展至真正意义上的AIGC阶段时，AIGC将会成为游戏行业制作游戏内容的主要工具，甚至除了原创创意，其他的游戏内容生成工作均可使用AIGC来完成。

（3）用户端：促进游戏玩法创新

随着科学技术的不断进步，电子游戏的终端逐渐从大型主机变为智能手机，再升级为AR和VR设备，同时游戏玩法也随着终端的变化不断创新。与电子游戏终端升级对游戏产业的影响相比，AIGC技术在游戏产业中的应用能够通过参与游戏制作来实现游戏玩法创新、游戏品类增加，同时还可以从市场需求出发为用户开发具有个性化、定制化特点的游戏。

03　应用价值：开启新一轮游戏革命

AIGC技术基于其强大的内容生成能力，可以高效生成文本、图像、音视频等内容，这将在游戏行业掀起一场巨大变革，从内容生产、模式创新、玩家参与、游戏体验等方面深刻影响游戏产业的发展。

（1）效率提升

AIGC工具能够在保障内容质量的同时大幅提高生产效率，并降低开发成本。高质量的游戏通常包含精美的场景设计、宏大的故事剧情或世界观设定、完善的细节和功能设计等要素，在开发过程中需要耗费大量人力、物力和时间成本。而随着游戏模式、娱乐形式的多元化发展，游戏开发者越来越难满足玩家日益提高的对游戏体验的要求。而AIGC工具可以基于海量训练数据自动生成图画、脚本、剧情、音效等游戏素材，为开发者提供创意思路，并高效辅助游戏制作。

例如，OpenAI开发的智能聊天交互应用ChatGPT，它通过海量数据训练和自然语言模型的优化迭代，已经具备了强大的语言生成能力，能够完成有逻辑且连贯的文本写作和对话。ChatGPT可以用于游戏世界观、剧情、脚本的撰写，并提升游戏中NPC角色与玩家的互动能力。部分游戏产品（如米哈游的《未定事件簿》、网易手游《逆水寒》等）已经开始尝试接入ChatGPT模型。

（2）创新突破

传统游戏的开发受到技术、成本、开发者想象力等因素的制约，难以在既有框架或范式的基础上进一步突破，成功的游戏模式是有限的，在整个游戏市场中充斥着大量同质化的游戏。而AIGC工具基于深度学习算法和大量的数据资源，有可能突破人类游戏设计师的思维局限，创造出更具创意的、多样化的游戏内容，从而提升游戏的可玩性和娱乐体验。

例如，OpenAI发布的AI图像生成模型DALL-E，能够根据文本描述生成多种风格和主题的高质量图像，这有助于对游戏模式和游戏风格进行创新，同时也拓展了人们对游戏角色、画面等元素的想象空间。

另外，AIGC支持游戏内容定制化发展，例如根据玩家偏好进行NPC人物的设定、场景设定等，这有助于构建更为开放的、多样性的游戏世界，提升玩家的游戏体验。

（3）更具趣味性

AIGC可以让玩家共同参与到游戏世界的创作中，促进多样化游戏内容的共享。在传统的游戏模式中，玩家通常作为游戏内容的接受者，只能通过有限的途径或在有限范围内去理解设计者的思路，推进游戏进程。而AIGC能够赋予游戏更大的开放性和灵活性，玩家可以根据自己的想法设计、修改游戏内容，并通过与其他玩家的共享、互动、合作来创造自己的游戏世界，大大增加了游戏的趣味性。

例如，玩家可以利用AIGC工具自主构建游戏场景，设定剧情、任务，并自定义游戏角色的服饰、道具、外貌等。同时，玩家可以将完成的作品上传至云平台，与其他玩家进行交流、互动和共享。这样不仅有利于挖掘出有潜质的游戏设计者，还能够满足玩家的创作欲，提升游戏体验。

综上所述，AIGC技术为游戏生产方式、内容创新、游戏模式探索等方面带来了全新的机遇和挑战，随着AIGC技术的不断成熟和相关产业的发展，游戏产业也将发生巨大变革，并为游戏爱好者们带来高质量、有创意、多元化的游戏产品。

04 场景实践：AIGC在游戏中的应用

AIGC能够为游戏从开发到测试、运营等各环节提供重要动力，其文本生成、图像生成、音视频生成能力可以运用于游戏的世界观设定、场景设计、美术设计、脚本设计、游戏竞技等方面，为游戏的创新发展赋能。

（1）游戏资产生成

简单地说，游戏资产是指游戏中具有使用价值或交换价值的虚拟财产，例如游戏角色ID、道具装备、游戏币等，游戏资产不仅是相对于玩家而言的，对游戏开发者来说，游戏的剧情设计、角色设定、美术原画设计、配音、动画、三维模型等，都可以划归为游戏资产。而AIGC应用于游戏开发中，能够生成各类游戏资产，如图18-2所示。

AIGC应用场景	具体应用
游戏方案策划	分析用户需求，协助产出产品定位及策划方案
程序代码编写	自主生成简单代码，协助编写复杂代码等
游戏地图设计	协助游戏地图设计与生成
音频音效制作	生成游戏背景音、游戏音效及游戏人物语音等
美术原画设计	协助美术原画设计及游戏产品画风定位等
游戏人物生成	协助玩家人物制作以及NPC的生成
3D模型构建	3D环境的搭建、3D素材模型的创建等
CG动画生成	游戏内CG动画的生成

图 18-2　AIGC 在游戏资产生成领域的应用

Scenario是一个在Stable Diffusion模型基础上训练出来的游戏资产生成AI，用户可以通过输入文本描述或图像素材来生成符合预期的图像类游戏资产。Scenario能够大幅提升游戏开发者的创作效率，有着巨大的应用潜力。

（2）辅助游戏测试

游戏测试是游戏开发的重要环节，本质上属于软件测试的一种，其目的是找到并修正游戏或软件存在的缺陷，减少游戏发布后可能带来的风险，并对游戏的功能性、可玩性进行评估。这有助于保障游戏质量，为玩家提供更好的游戏体验。测试内容包括游戏玩法、系统、程序适配度等，在测试过程中，游戏测试员可以基于不同的测试目标引入对应的测试技术，记录并反馈游戏中存在的问题。

随着游戏产业的蓬勃发展，游戏测试需求呈爆发式增长。而AI可以代替测试人员，自动完成部分重复化、结构化的测试任务，例如兼容性、基本性能、功能等方面的测试，从而提升测试效率、缩短测试周期，使测试人员投入更复杂的、关键性的测试活动中。同时，体验度评估、情感反馈等主观性较强的测试内容仍然要依靠测试人员完成。

例如由Cygames开发的卡牌游戏《影之诗》（Shadowverse）在测试过程中引入了AI工具，研发人员先训练出一个能够玩游戏的AI工具，使其自动进行游戏对局，并记录相关测试数据。随后，测试人员根据数据对卡牌组合、平衡度、Bug等问题进行评估，从而缩短了游戏测试周期、实现了降本增效。

再如，《天天跑酷》利用AI软件测试游戏中障碍物配置的合理性，并寻找可能存在的操作问题。

（3）游戏版本迭代

AI能够辅助运营人员分析当前版本的游戏产生的用户数据，并结合运营目标对相关数值进行调试、筛选和检验，从而确保运营人员从正确的方向上进行优化，促进游戏产品迭代效率提升。同时，AI能够辅助运营人员进行版本管理，例如基于人力安排、版本内容、活动计划或开发进度合理规划时间表，及时进行风险提示，为版本运营提供可靠的信息参照。

腾讯AI Lab研发的智能AI“绝悟”，经过大量数据的深度强化学习后，在游戏对战策略、技能释放频率等参数上达到甚至超越了专业级玩家的水平，并在MineRL等竞赛中取得了出色成绩。得益于“绝悟”的测试支持，腾讯旗下竞技手游《王者荣耀》的数值平衡性偏差从1.05%下降到0.68%，这意味着游戏平衡性得到了进一步改善。

（4）协助游戏赛事

AIGC对游戏赛事的辅助作用主要体现在电竞解说、赛事分析、集锦自动生产等方面。

①电竞解说

与数字新闻类似，AIGC工具能够自动采集并分析游戏中的对局情况、偶发事件等信息，并根据相应的规则和模型，实时生成解说文案，帮助观众了解比赛情况，这不仅能够降低办赛成本和难度，还能够为观众带来全新的观赛体验。

②赛事分析

除了在竞赛过程中解说，AIGC还能够针对赛前现场情况、竞赛阵容配置、玩家特点和赛后数据等内容进行分析，这有助于减小赛训压力，高效获取关键信息。同时，AI预测等一系列游戏观察工具的应用，为观众的沉浸式观赛提供了条件。

③集锦自动生产

比赛集锦是良好的宣传推广素材，也是使同好者了解比赛内容的重要途径。基于特定模型算法，AIGC能够在赛后短时间内筛选赛场数据并剪辑出视频素材，这不仅可以大大节约人力，还有利于主办方把握住赛事信息发布的优先权。

（5）游戏策略生成

2020年，腾讯团队Turing Lab开发的一款基于图像的游戏场景自动化框架Game AI SDK开源发布，该模型以游戏图像为输入，以触屏操作为输出，提供了一种不依赖于游戏厂商API接口的自动化解决方案。此外，腾讯AI Lab以AI赋能游戏产业全链路，除了游戏制作和运营，还包括周边生态的完善等。

在以前的游戏制作中，游戏NPC的人物形象、交互对话、动作、操作逻辑等驱动脚本需要人工创造，而AIGC不仅可以自动生成NPC的交互对话，还能够完成其他底层逻辑或脚本的设定，由此可以拓展对NPC人物的个性化设定思路，提高游戏策略的整体生成效率。

例如，《黑客帝国：觉醒》中采用的AI架构MassAI，可以批量生成NPC，自动控制其行走路径，并辅助制作成日常行为和交互行为等，为玩家带来了更加丰富的游戏体验。AI模型的应用，可以为元宇宙内部架构设计打下基础。

05 基于 AIGC 的游戏体验优化及案例

AIGC在游戏产业中的应用为游戏的多元化发展提供了强有力的支持。2022

年12月15日，昆仑万维在AIGC技术发布会上发布了“昆仑天工”AIGC全系列算法与模型，该模型能够生成图像、音乐、文本、程序等多种内容，其在游戏领域的应用能够根据玩家的实际情况实时生成相应的剧情、地图和关卡等内容，让游戏中的非玩家角色能够根据玩家的操作做出相应的反应。

AIGC被用于优化游戏体验，主要包括智能NPC对话及交互、优化故事剧情、反作弊及AI托管、语言翻译等，如表18-2所示。

表18-2 基于AIGC的游戏体验优化

优化项目	优化内容
智能NPC对话及交互	通过AI技术生成交互式文本、语音等，增强在游戏中与NPC沟通交流的对话现实感；利用AI技术让NPC具有更高的智能和适应性，根据玩家的行为和环境的变化来调整策略和行动
优化故事剧情	基于AI深度学习技术可无限开展游戏故事的剧情互动，实现千人千面的个性化体验
反作弊及AI托管	AI可以通过分析玩家的行为数据和游戏数据，检测并预防游戏中的作弊行为，保护游戏的公平性和玩家利益，提高玩家游戏体验。同时，AI可以接管掉线玩家角色，优化玩家体验
语言翻译	通过自然语言处理技术，AI可以实现游戏语言的翻译和本地化，为全球玩家提供更好的游戏体验

由此可见，AIGC在游戏中的应用能够大幅提高游戏产品的个性化程度和可玩性，为游戏玩家带来更加优质的游戏体验。例如：

- 《Arrowmancer》内置了一套强大的内容生成工具，游戏玩家可以根据自己的喜好利用基于AI技术的内容生成工具来创建属于自己的角色，与其他的角色扮演游戏相比，《Arrowmancer》无须画师来绘制各个角色的形象，每个玩家都可以以自由捏脸的方式创建出独一无二的角色。具体来说，玩家创建角色的过程主要可分为四个步骤，第一步，玩家要选择角色的初始形态；第二步，玩家要确定角色的发色和瞳色；第三步，玩家要对角色的细节进行进一步完善；第四步，玩家要确定角色的定格姿势。除此之外，《Arrowmancer》

还具有上限高的优势，能够为玩家提供多种不同的画风，玩家可以根据自己的喜好自由选择角色的画风。

- 《模拟飞行》中融合了 AI 技术，能够根据必应卫星地图中的信息生成与真实的现实物理世界相对应的地图、环境、景物、气象等游戏内容，并利用 Azure AI 完善虚拟游戏世界中的各项细节，借助 Projectx Cloud 云游戏平台实现数据交互，进而为玩家提供高品质的游戏服务。从游戏内容上来看，《模拟飞行》为玩家打造了一个虚拟现实的游戏空间，玩家可以在游戏中驾驶飞机飞行到世界的各个地区，获得更具真实性的飞行体验。
- 《逆水寒》手游的制作团队将构建"会呼吸的武侠开放世界"作为开发目标，专注于提高虚拟游戏世界中各类 NPC 的交互性，力图实现"万物皆可交互"。在实际操作过程中，《逆水寒》手游的制作团队积极构建能够应用于游戏情境且融合于游戏机制的智能 NPC 系统，并借助该系统来提高游戏中的 NPC 的互动能力，让 NPC 能够根据玩家的具体操作给出相应的反应，让玩家与 NPC 之间的互动不再受限于预设的程序。
- 《原神》的制作团队通过将各种不同的 AI 融入游戏中的人类 NPC、野生动物 NPC 等多种 NPC 当中的方式来提高各个游戏 NPC 的个性化程度，并针对不同的 NPC 设置相应的特殊能力，进一步提高 NPC 的丰富性和独特性。
- 《王者荣耀》的制作团队在 2020 年 11 月推出了具有 20 个关卡的升级版绝悟 AI 挑战，为玩家提供多种不同的阵容和搭配进行挑战。具体来说，每个关卡中都有 5 个智能体作为玩家团队的对手，这些智能体具有与人类玩家相近的协作能力、视野范围和反应速度，玩家可以根据智能体团队的阵容来搭配自己的阵容，并在人机对战的过程中提升自身在面对不同阵容、不同英雄时的对局能力，与此同时，AI 也会在与玩家的对战中不断学习，强化自身对冷门英雄的操作能力。